我就是不想活成你喜欢的样子

今心 著

目 录
Contents

我就是不想活成
你喜欢的样子

遇见自己
悦纳自己的时刻，你是最美的

你真的认识自己吗	003
别再自我忽视了	006
爱自己是最大的智慧	009
了解是爱的第一步	013
自我觉察是自我成长的开端	016
留一只眼睛看自己	020
扔掉标签，看清真实的自己	024
接纳自己，就接纳了世界	028
无条件地悦纳自己	031
构建核心自我	033
既要知足，也要知不足	035

相信自己
在这个世界上，你是一种独特的存在

你就是你，不必迎合别人	041
不必比较，你是独一无二的	044
相信自己，你就是奇迹	047
比平庸更可怕的，是盲从	051

Contents

唤醒心中的雄狮	*053*
激发你的潜能	*056*
别让自卑毁掉你的人生	*059*
扬长避短，经营长处	*063*
自我激励，给自己加个助推器	*066*
热忱是内心最大的潜流	*071*
放下对完美的执念	*074*
多看积极的一面	*078*
别错过每个让自己闪耀的机会	*083*
多给自己一些赞美	*086*

Chapter 3

修炼自己
人生就是一次不断自我完善的修行

推迟满足感	*091*
让浮躁的心回归平静	*095*
换个角度，把心换个方向	*100*
自控，以理性平衡情绪	*102*
别让压力压垮你	*105*
抱怨生活不如改变生活	*108*
及时排解负面情绪	*111*
不必计较一城一池的得失	*114*
别让烦恼进入"累积模式"	*117*
以变应变	*121*

你缺乏的不是运气，而是勇气	*124*
世界没你想的那么复杂	*128*
别自寻烦恼，不做自扰的庸人	*130*
给生命之舟减减负	*135*
别让经验束缚自己	*138*
看淡输赢，保持平常心	*141*
每一朵花开，都需要等待	*144*
感谢那些折磨你的人	*147*

活出自己
无畏前行，活成自己喜欢的样子

所谓的人生就是活在当下	*151*
活出自己的精气神来	*155*
为自己创造快乐	*158*
平和的心态胜过万两黄金	*161*
孤独是人生的最大馈赠	*165*
给生命留一丝空隙	*168*
别让梦想成为空想	*171*
清空自我，不断"空杯"	*174*
心宽一尺，路宽一丈	*177*
保持方向感	*180*
学会放下，即是解脱	*183*
难得糊涂才是真聪明	*186*

Contents

改变你能改变的，不能改变就适应   189
远离贪婪，欲壑最难填   192
内心强大，才能无所畏惧   195
成长是最美的礼物   198
时常提醒自己：我很幸福   201
心无所恃，随遇而安   204
坦然面对未知的将来   208

Chapter 1
遇见自己

悦纳自己的时刻，你是最美的

你真的认识自己吗

传说，在希腊德尔菲神庙的门楣上，镌刻着一条箴言：认识你自己。

你，真的认识你自己吗？

我们总是习惯于了解别人，却往往忽略了认识自己。其实，认识自己，是我们一生的课题。人的痛苦与挣扎往往来自内心的纠结，而内心的纠结来自自我的迷失。迷失自我的人，因为看不清自己，他们的心往往只能被现象所牵引，现象在不停地变化，他们的心也跟着在不断变化，"树欲静而风不止"。

真正的改变，从看见开始。

那么，怎么才能认识自己？我们可以用"周哈里窗"来对自己进行认知。

"周哈里窗"是心理学家鲁夫特与英格汉提出的，"窗"是指一个人的心就像一扇窗，"周哈里窗"展示了关于自我认知、行为举止和他人对自己的认知之间在有意识或无意识的前提下形成的差异，正因为如此，每个人的自我是由四部分组成的，我们对这四个部分了解得越多，对自己认识也就越深刻。

1. 开放的我

"开放的我"是我们与周围的人都认同的、都知道的,是我们性格的显性部分,所谓"当局者清,旁观者也清"。比如,我们的性别、外貌等客观特征,又比如某些可以公开的信息,包括婚姻状况、职业、能力、爱好、特长、成就。"开放的我"是自我最基本的信息,也是了解自我、评价自我的基本依据。开放区通常来说是我们性格中较为积极的一面,也是我们社交想要展现的名片。

2. 盲区的我

"盲区的我"往往是自己不知道而别人却知道的部分,所谓"当局者迷,旁观者清"。一些比较典型的心理特征就属于这一部分,比如有人总是轻易许诺却从不兑现,有人爱说大话却没有真本事。一些不经意间的小动作或行为习惯也属于这一部分,比如一个得意的或者不耐烦的神态和情绪流露,本人不易觉察,除非别人告诉你。

了解自己的盲区对于认识自己非常重要。比如可能一个人觉得自己性格非常友善,而在周围人的眼中,这个人却是一个性格高傲、冷淡的人,这就是自我与他人不同认识形成的误区。而要了解"盲区的我",我们必须学会用心聆听,重视他人的反馈。

3. 隐藏的我

"隐藏的我"是自己知道而别人不知道的部分,与"盲区的我"恰恰相反。就是我们常说的隐私、个人秘密,留在心底,不愿意或不能让别人知道的事实或心理。身份、缺点、往事、疾患、痛苦、窃喜、愧疚、尴尬、欲望、意念等,都可能成为"隐藏的我"的内容。比如有些人表面上显得很大度，但实际上非常善妒，不过他会把这个特点小心地藏起来，不让别人和自己发现。

我们要突破自我，必须要学会将"隐藏的我"逐步变成"开放的我"。心理学曾强调自我暴露法对我们信心有很大的提升，比如我们嫉妒某人，不如选择某个时机大方公开承认，只要我们愿意开诚布公，我们就能获得更多的自信与自尊。

4.潜在的我

"潜在的我"是自己和别人都不知道的部分，有待挖掘和发现。通常是指一些潜在能力或特性，比如一个人经过训练或学习后，可能获得的知识与技能，或者在特定的机会里展示出来的才干，也包含弗洛伊德提出的潜意识层面，仿佛隐藏在海水下的冰山，力量巨大却又容易被忽视。对未知"我"的探索和开发，才能更全面而深入地认识自我、激励自我、发展自我、超越自我。学着尝试一些全新的领域，挖掘潜力，会收获惊喜。勇于自我探索者，要善于开发"潜在的我"。

遇见自己，必须建立在认识自己的基础上，唯其如此，才能打破自我的盲区，更好地塑造自己，活出自己的精彩。

别再自我忽视了

不能正确认识自己的人通常有一个非常明显的特点：缺乏存在感。他们不知道自己想要的是什么，时常陷入空虚、空洞、迷茫之中。

在生活中，你是否经常有以下感觉？

1. 无法融入别人的生活中

有一些人在独处时怡然自得，但在集体生活中总是表现得非常胆怯。当别人都在谈笑风生时，他们却喜欢躲在角落里，把自己藏起来，因为他们不知道自己对别人来说意味着什么，或者根本想不出自己对别人来说意味着什么。他们就像生活的旁观者一样，只能站在一旁看着别人生活，自己却无法融入，或者即便参与其中，也只能游离在边缘。

2. 对一切都毫无兴趣，缺乏情感体验

有一些人，符合社会主流对人的基本要求，甚至拥有很好的条件，比如

Chapter 1　遇见自己
悦纳自己的时刻　你是最美的

有车有房、工作很好，但抛开这些外在的部分，他的内在对一切的体验似乎都非常淡漠，这些东西没有真正赋予他们独属的情感，他的内心也充满着难以言说的空洞、空虚和不快乐，但是，他们不知道这到底是为什么。

3.习惯于讨好别人，却忽略了自己的感受

还有一些人，在与别人交往的时候，习惯于讨好别人，非常擅长逗别人开心，但是在对待自己的时候十分随意，不知道怎样让自己开心起来。他们不知道自己需要什么，在他们看来，自己的感受并不重要。

4.忽略别人的情感需求

还有一些人，总是对别人的情感需求视而不见。尤其是在亲密关系互动时，往往会给别人"捉不住"的感觉，仿佛他们近在眼前，但又远在天边。他们接收不到别人的情感信号，或者即使接收到了也不会给予回应。

是什么导致了这样的感觉？答案是感知不到自己，缺乏存在的感觉。

我不知道我是谁、我的感受是什么、我存在的价值是什么、我的喜怒哀乐是什么，当然也会意识不到对方是谁，更看不到对方的需求。

为什么一个人会如此自我忽视、对自己如此陌生呢？

作为人，情绪和情感代表着我们的需求信号，因此，一个人有多了解自己的情绪和情感，能多大程度上解读自己的情绪和情感，就能在多大程度上认识自己。然而，如果一个人的情绪和情感从小就被忽视和否定，他就没有途径去学会了解自己、认识自己的视角和经验。他习得的只是父母要求他们应具备的感受，但这些并不是他们真实的自己，所以这些"感受"只不过是机械的反应。

他们内在部分的自我感受是完全空白的，他们习惯了用"对"与"错"的简单分类方式去划分自己的情感、感受，想方设法地压抑和排斥那些不够

"对"的反应，比如"不应该讨厌别人"，而完全没有要去探讨为什么这个人会引起你厌恶情绪的想法。他们认为讨厌别人是不应该出现的反应，而完全不知道"厌恶"是人类一种正常的情绪，人天然就具有厌恶的情绪。

这样的人对自身的探索是有限的，所以他对别人的认识也将会是有限的。

他不懂得自己的情绪和情感，必然也会察觉不到别人的情绪和情感，从而不知道如何跟别人互动，很多时候，他跟别人之间似乎隔着一堵墙，没法产生真正的情感交流。

他们中有些人似乎也很热衷于讨好别人，但你总是能感觉到他们的讨好其实很多都是不那么恰当的，所以也就收不到他们预期的效果。

本质上，他们与人的亲近行为，不过是来源于幼时父母的训诫，产生的行为更像是不得不那么做的"戒律"，而并不是他们内心真的懂得对方的需求，相应流露出自然而然的情感，所以他们并不舒心，而且往往很辛苦，甚至感到压抑。

一个人越是了解自己，体察自己，认识自己，看清自己，就越能真正地去了解别人，看清别人。看不到自己的需求，不了解自己需求的人，也没有能力真正看到别人的需求，真正了解别人的需求。

自己的镜子如果是模糊的，又怎么能照清别人呢？

所以，这样的人很难找到存在感，因为他们似乎没有真正"活过"。所谓的活着的强烈感觉，一般要么是被世界照亮，要么是自己照亮世界。而这样的人几乎没有被照亮过，当然也不知道怎么才能照亮世界。

爱自己是最大的智慧

很多时候，人们似乎总是需要通过别人的认可才能肯定自己。如果有一天，当世界上所有人都不再关注你、欣赏你、赞扬你、鼓励你，那时的你该怎么办呢？

我们都应该爱自己。刘震云曾这样写道："一定程度的自恋，是一种心理健康的表现，要想自信地生活下去，爱自己的心是必不可少的。"

是的，对健康、成熟的人来说，一个很重要的心态就是"爱自己"。爱自己不是一种自以为是，是要求我们肯定自己，认可自己，接受自己，要有理智的思维，清清楚楚地接受自己的优点和缺点；同时要自信，做自己该做的事情，不因外界的因素而否定甚至放弃自己。

一个心态健康的人，不会用"鸡蛋里挑骨头"的方式来挑自己的毛病，更不会拿自己的缺点跟别人的优点比较。他会客观地看清自己的能力，认清自己的情况。他从来不会自卑于自己的缺点，也不夸大自己的优点，他很明白自己的力量有多大，目标有多远。

一个人一生的功课在于学习如何对自己宽容，善待自己，不要太无情，不要和自己过意不去，这样你会像一朵盛开的鲜花，会以自己优雅、美妙的自信姿态存在。如果你能够保持这样的心态，那将为自己赢得一生极致的喜乐，透过这样的幸福，你将领悟到活着的意义。

爱自己，是一件多么重要的事情。

我们可以通过以下几个方法来学习如何爱自己。

1. 告诉自己：我已经足够好了

当我们觉得自己不够好的时候，就总觉得自己正处于不幸之中，这在某种程度上就会给自己的身体和心灵制造疾病和疼痛。

其实，为什么总是怀疑自己呢？爱自己，应该从肯定自己开始。多给自己一些良性的鼓励，告诉自己"我已经足够好了"，这样，你会感觉自己是有价值的。有了这样的信心，无论生活中发生什么，你都能从容地调整自己，改变生活。

2. 安慰自己

许多人总是喜欢吓自己，明明事情没有那么糟糕，可在他们眼里仿佛天塌地陷了一样，这是一种可怕的生活方式，只会使处境愈发恶化。

与其让自己陷入担惊受怕的状况之中，不如多安慰自己，就像小时候父母所做的那样。如果你发现自己习惯性地在心里自我暗示不好的事，就在第一时间转换"频道"，想象美好的事物来替代它，比如美丽的风光、日落、鲜花、体育运动等其他你喜欢的事。每当你发现自己在吓自己的时候，就停下自己的思维，想象这些美好的画面。只要你不断地重复这样的方式，最后必然会改掉这种习惯。当然，这需要练习。

3. 善待自己的心灵

不要因为自己有消极的情绪就厌恶自己，思想的出现，无论是负面的还是正面的，最终目的都是为了建设我们自身，而不是为了战胜我们。

所以，不要再因为自己曾经痛苦的经历而自责不已，如果我们能够从这些经历中学习和成长，呵护自己的心灵，抛弃犯错的感觉，抛弃指责、惩罚和所有的伤痛，那这些经历就是有益的。让自己放松下来吧，只有放松下来，你才会感受到自己的力量，紧张和害怕只能使这种力量受到抑制。每天投入一点时间，让身体和心灵放松，无论何时，你都可以深呼吸，闭上眼睛，把紧张的情绪释放出来。呼气时可以轻轻地对自己说"我爱你，一切都会好的"，那样你会觉得内心获得了一种前所未有的宁静，你正在给自己制造新的思想。

4. 少说"我讨厌"，多说"我喜欢"

如果你还在不停地抱怨、发牢骚说"我讨厌我的工作，讨厌我的家，讨厌我得的病，讨厌现在的友谊"，讨厌这，讨厌那，那么，你就会跟很多美好的事物擦肩而过。

多说"我喜欢"，多从积极的一面来看待事物，才能更好地把握机遇。

5. 照顾好自己的身体

身体是革命的本钱，是人生存折上排在最前面的那个"1"，如果没有了这个"1"，后面有再多的"0"也是毫无意义的。

爱自己，首先就要照顾好自己的身体。远离酒精，远离毒品，这些东西只会麻痹你自己，不会改变你的困境。多运动，多锻炼，保持良好的睡眠，养成规律的作息习惯，你的身体才会更加健康。

在这个世界上，每一个人的美丽都是不一样的，而且每个人的处世方式、性情、气质也都是不同的。如果你认可自己，真心地喜欢自己，你就能挥洒出属于自己的个性，从而创造不一样的人生。

真心喜欢自己的人，懂得幸福的意义不在于拥有了多少，而在于珍惜了多少。这样你会觉得自己本身就是一个幸运儿，是如此幸福地生活在这个世界上。说到底，这是一种豁达的心境，更是一个人获得快乐的开始。具有这样心态的人，在对待生活的喜怒哀乐时，会随时以乐观的状态展现自己，为自己营造幸福的氛围。

学会爱自己，不是让我们自以为是、自我放纵，而是要我们学会自己关爱自己。人生在世，没有谁会永远相伴我们左右，我们拥有的关怀和爱有可能随时会终结，但生活还要继续，这时候我们必须学会为自己筑起一座心灵的殿堂，使自己的心灵不会居无定所，而是能够随时找到依托。

学会爱自己，不是自我约束、自我苛责，而是让我们在感到无助和痛苦的时候、在独自走过茫茫黑夜的时候、在人生之旅失去航向的时候、在我们不知所措、无能为力的时候，学会给自己一点掌声，给自己一些鼓励，给自己一个灿烂的微笑，然后怀着对未知的憧憬坚持下去，坚韧地走过一个又一个可能鸟语花香，也可能荒凉苍茫的人生驿站。

也许有人会说这是一种麻痹自我的安慰，可是如果这种安慰能为我们换来长久的幸福感，那么自我安慰一下，又有何妨呢？

学会爱自己，是源于对生命本身的爱护和尊重，这会让我们的心境更为高远，更加健康，也可以让我们的心灵得到更多的自由，让我们在孤独无助的时候，能够建造出自己的宫殿，成为自己心灵家园的主人。

学会爱自己，才会真正懂得爱这个世界。

了解是爱的第一步

在生活中我们时常会听到这样的抱怨:"最近真的感觉好无聊啊,每天都不知道在做些什么,做什么都提不起精神!""我感觉自己一点儿激情都没有,什么都不想做,感觉自己在虚度光阴。"

如果问他们为什么会陷入这样的情绪状态中,他们的回答肯定是"不知道"。

他们根本不了解自己,很多人甚至从来就没有产生过"我要了解我自己"的意识。

之所以没有这种意识,是因为在我们的潜意识里认为"自己"是根本不需要了解的,"知道我想要什么"应该是一件理所当然的事情,不需要花什么心思。有些人会说:这难道不是一种本能吗?

正因如此,当一个人深陷迷茫之中,找不到人生方向时,就会不断去想"我真正想要的是什么"。他认为自己应该知道这个问题的答案,即使现在不知道，这个答案也可以靠他自己"想"出来。其实，事情并不是我们想象中的那样。

从现在开始，我们需要了解三个事实。

第一，了解自己从来都不是一件理所当然的、不需要花费任何时间和精力就能完成的事。

第二，了解自己并不是一件容易的事，你想要了解自己的难度甚至远远大于你尝试着了解另一个人的难度。

第三，"自己"也是在不断成长和变化的，因此我们需要持续地了解自己，不断地更新对自己的认知。

那么，我们为什么要了解自己呢？因为了解是爱的第一步。

当一个人意识到应该了解自己，他就开始了成长：开始为自己负责，开始成长为一个成熟的人。了解了自己，我们的头脑才是清醒的，"人生"这个概念对我们而言才是清晰的，我们才能看清前进的方向，知道自己想要的是什么，为我们的生命赋予更多的意义。

了解自己还能使我们拥有更好的生活。那些看不清自己的人，往往在不断重复着犯过无数次的错误，比如不断地爱上不爱自己的人，不断地为同样的问题而烦恼，不断地接受自己不可能完成的任务。而了解自己能够使我们规避那些不必要重复犯的错误，并帮助我们做出更好的选择，让我们的生活变得更轻松、更愉悦。

最重要的是，了解自己还能使我们更好地完善自己。每个人都希望成为更完美的自己，然而，这是不可能的，谁都无法将所有事情做得很好。所以，我们必须利用自己有限的时间和精力，去做那些对我们更有意义的事情，放弃关注一些无关紧要的小事，或是我们的能力无法达成的事情。我们不需要成为完美的人，我们只需要把最重要的事情做好。而了解自己，才能

Chapter 1 遇见自己
悦纳自己的时刻 你是最美的

帮我们找到真正的发展方向,让我们能够把精力用在那些真正有价值的事情上。

建立在了解基础上的爱才是真正的爱,所以从现在开始,去了解自己吧,了解那个真正的"我"。

自我觉察是自我成长的开端

心理学家荣格曾经说过这样一句话:"你的潜意识会指示你的人生,而你称其为命运,除非你能意识到你的潜意识。"

所谓的"意识到你的潜意识",从本质上说就是自我觉察。想知道自己是一个怎样的人,我们需要有认识自己的能力,这种能力在心理学上称为"自我觉察"。自我觉察是一种清晰地认识自我的意愿和能力,是自我成长的开端。

心理学家塔莎·欧里希曾经提出过一个"洞察七柱"的理念,在她看来,如果一个人想成为真正了解自己的人,需要具备以下7个方面的洞察力。

1. 对自我价值观的洞察

了解指导自己的核心价值观是什么,这套价值观既能帮我们定义自己想成为的样子,也为对自己行为的评估提供标准。

Chapter 1 遇见自己
悦纳自己的时刻 你是最美的

2. 对自我热情的洞察

想清楚自己真正热爱的事情是什么。找到自己所爱是一个探索的过程,但自知的人会不断寻觅,在这个过程中会越来越接近它。

3. 对自我抱负的洞察

抱负与目标、成就略有不同。定目标不难,但仅有目标并不能通向真正的洞察。与其问自己"我想达成什么",更好的问题是"我想从生活中获得些什么"。我们通常会在目标达成后感到失落,但抱负是持续的,它永远无法完全实现,所以我们可以每天醒来都会再次感觉被它激励。

4. 对自己与环境匹配度的洞察

能清楚认识自己的人,知道对自己来说最适宜的环境是什么样的,知道自己在怎样的环境中最开心、最有动力,这样能让我们事半功倍,并在一天结束后觉得没有虚度。

5. 对自己行为模式的洞察

具有一种在时间和空间上都有持续性和一致性的思考、感受和行为模式。比如,如果我某天突然在与同事交流时话中带刺,那我可能只是太累了;但如果我总对同事冷嘲热讽,那我可能是具有这样一种行为模式。

6. 对自我反应的洞察

人们在各种情境下的思想、情感和行为会有不同的反应。比如,一个人在有压力时会产生对别人的批判思想,会变得暴躁,会通过运动发泄,这些就都是他在高压下的反应。

7. 对自我影响力的洞察

每个人的行为都会有意无意地给他人造成影响。明白自己行为对他人的影响，也是自我觉察的标志之一。

怎样才能实现自我觉察？

我们可以从一个问题开始。

在你感到不安、烦躁、抑郁、愤怒、害怕、担忧、愧疚、焦虑的时候，你会怎么办？

在被这些负面情绪困扰时，很多人会选择干点其他什么事情来转移注意力，比如看电影、看电视、刷微博、发微信，通过这种转移注意力的方式，有些时候似乎的确可以在短时间内驱逐不快情绪，然而，过不了多久，那种不快的情绪又会找上门来。

"不快"就像我们非常讨厌的人，我们为了不见某些人，于是找借口避开他们，可是他们就在家门口等着我们，无论我们在外面待多久，总是要回家的，也总是要面对"不快"的。

当我们开始面对，就踏出了自我觉察的第一步。

自我觉察首先要求我们慢下来，静下来，开始认真对待自己的情绪、感受。比如，当我们坐立不安、忧虑困惑的时候，可以问问自己："你怎么了？"当我们开始问这句话，就说明我们在直面自己的这些困扰。接下来，自己回答自己："是的，我焦虑了。"再接下来，好好地与焦虑待一会儿，感受焦虑给身体带来的感觉。当到达这个阶段的时候，有些人的焦虑可能会消失，至少也会减轻。这就是自我觉察的过程。

如果还有时间，我们可以再深入一点，问问自己"你为什么不快乐"，对自己做浅层次的自我分析和行为认知。

"因为等一会儿我要发表一个演说，我没把握，很担心把事情搞砸。"

Chapter 1 遇见自己
悦纳自己的时刻 你是最美的

"如果事情搞砸了会怎么样?"

"我会丢脸,我会受到领导的责备,我会很有挫败感。"

"这对你有怎么样的影响?"

"我会难受。"

"为什么会难受?"

在每一次情绪出现时,觉察自己正在害怕什么,内心有着什么担忧。情绪背后,往往都指向一个最深的恐惧,是那个恐惧被对象触发,使得我们开始害怕,延伸出许多愤怒、伤心、紧张的情绪,然后才会驱使我们做出某些行为,以预防我们害怕的事情发生。我们可以在行为上自我觉察,也可以从感受到的情绪来觉察,看看背后"最深的恐惧"是什么。

当我们觉察到我们的情绪出现的根源时,第一反应往往是批判,这是完全错误的。批判不会让恐惧与情绪消失。所有恐惧与情绪,就像受伤、胆怯的孩子,当他害怕的时候,如果对他说"你不应该害怕,你这样太胆小了",孩子只会觉得自己太糟糕了,勉强自己,表面上忍住,但内心还是害怕得不得了。

同样地,恐惧与情绪受到批判后,或许会暂时压抑,但不会消失。只会累积下来,以后又在同样情境下被勾起来,变成更大的恐惧、更多的情绪。所以我们需要记得一件事:最重要的是接纳。接纳是一种爱的表现,它意味着:"我不认为这样好或不好,我就是全然地接受它,接受它本来的样子,接受它的存在。"

通过自我觉察看见并学会接纳,我们的内在抗拒、评判、纠结便会停止,原来的问题或许还在延续或发生,但我们知道,它已经不再是个问题,不会再给我们带来困扰了。

留一只眼睛看自己

在人生路上,我们总是急于到达目的地,却很少有人会停下来审视自己的内心。其实,终点固然重要,过程同样不容忽视。要想快乐地度过一生,我们必须找到自己真正喜欢做,并且愿意为此付出时间和精力的事,从自己的内心出发,思考什么才是自己真正想要的。

意大利画家阿马代奥·莫迪里阿尼创作的肖像画都具有一个非常明显的特点——画中的成年人都只露出一只眼睛。画家对此进行了解释:"这是因为我习惯了用一只眼睛来观察周围的世界,而另一只眼睛则用来审视自己。"我们每天忙忙碌碌地生活,或许平淡无奇,或许跌宕起伏,或许碌碌无为,或许小有所成,不管怎样,在向前奔跑了一段时间以后,我们一定要停下脚步,好好地审视一下自己,这样我们才会看清楚自己的所作所为是否是自己想要的。

人生不是一场匆匆赶路的旅程,需要多停下来审视自己。审视自己能够使人们始终保持清醒的头脑,不至于出现言行上的偏差;可以使人们坚持早

Chapter 1　遇见自己
悦纳自己的时刻　你是最美的

就已经确立的目标，不让外界对自己的方向产生干扰；可以使人们抓住人生的分分秒秒，不让今天成为昨天的简单重复……

我们应该如何审视自己呢？北大心理学教授毛利华曾经提出了"十问"。

1. 我还拥有什么

不幸的人总是会发牢骚说自己一无所有，其实不是他们什么都没有，而是因为想要的太多。当工作的时候，渴望自由自在的假期；当无所事事的时候，又盼望能过得充实、忙碌一些。为什么不多看看自己拥有的东西呢？幸福的人并不比其他人拥有更多的幸福，只是他们明白，自己拥有的正是他们最想要的。

2. 有必要去补救吗

背负着过去的沉重包袱，只会让人步履蹒跚，在前行的道路上举步维艰。不要用过多的时间和精力去追忆悔恨的事情，不要让遗憾占据过多的内心空间。投入时间和精力去补救过错的时候，可能已经物是人非、时光不再。与其这样，不如好好想一想，那些失去的真的是不可或缺的吗？有必要去补救吗？如果没有必要，那不如把值得借鉴的经验保存起来，其余的就让它随风而去吧，时间会冲淡一切的。

3. 我因为什么而自豪

在人生之路上，最糟糕的境遇不是贫穷困苦，也不是无法摆脱的厄运，而是在挫折之后对自己彻底否定。无论身处何种环境中，都应该坚定地相信自己的能力，不要让怀疑吞噬你的灵魂，不要让生命无端地被荒废。相信自己有值得别人钦佩的闪光点，也许有人正默默地以你为榜样。

4.我应该对什么心存感激

在生活中应该常存感恩之心,对自己、对别人、对世界都抱有感激,不要总是以自我得失为中心,不要画地为牢,也不要总抱怨"为什么我对别人那么好,而……",要永远忘掉自己对别人的好。记住你所受到的帮助,忘记自己对别人的帮助。

5.应该去拥抱谁

能得到爱是一种幸福,然而,有的时候,这也是一种可遇不可求的奢望。既然无法苛求被爱,为什么不尝试着去爱别人呢?爱你的妻子或丈夫,爱你的父母,爱你的孩子,爱你的朋友,甚至爱陌生人。要知道,赠人玫瑰,手有余香。习惯爱的人生,生命长河中裹挟的那些泥沙也会悄然流逝。

6.怎样才能为自己重新找回活力

人的身体如同机器一样,要不停地运转,就要"加油"。放下手边的工作去做一些积极的事情吧,给自己加加油,让自己充满活力。比如,到健身房里挥汗如雨,或者与朋友相约一起去散散步,彼此说一些鼓励的话。留出时间陪孩子一起玩耍,或者带着家人到郊区去踏青。

7.换个角度看问题会是怎样

人们在为别人提建议的时候总是感觉很容易,这是因为每个人看待事物的角度是不一样的。当别人陷入某个问题的泥潭之中时,你作为旁观者却能够很轻松地就透过现象看本质。同样,当你遇到问题的时候,应该学着换个角度来思考,苦恼的事情或许就会迎刃而解。

8. 生活还要混乱下去吗

日夜颠倒的作息习惯、日复一日的应酬、过量的烟酒,这些都是对身体最残忍的消耗,也是对情绪最恶劣的破坏。如同一团乱麻的生活怎么可能带来快乐呢?幸福感不只是指吃喝玩乐,追求到的财富不会天然转换成幸福。不如从现在开始,学着把一切收拾得有条不紊,整齐而有序地生活。健康的心态自然会带来幸福。

9. 我的理想是什么

你有多久没有好好想想自己的理想是什么了?很多人每天为了赚钱而奔波忙碌,根本没有时间想自己真正想做的事情是什么。不要忘了,金钱只是寻求幸福的手段,能转换成幸福的财富才有意义。尝试给自己树立一些目标和理想,越是长远的,越能带来幸福。理想能让你清楚地明白生活的真正意义是什么。

10. 为什么不能宣泄

如果以上的几个问题依然不能让你清楚地了解自己的需求,你的情绪始终处于紧张和烦闷的状态之中,那就放下一切,用健康的方式,比如跑步、到山顶大喊大叫,来发泄一下自己内心的苦闷吧。情绪是健全心理不可缺少的一面,腾不出空间来快乐,就会被忧伤填满。有了冲动的情绪,就要赶紧释放出来——只要不影响到别人的生活,只要不给自己带来后遗症。

扔掉标签，看清真实的自己

"你是谁？"当有人问这个问题的时候，我们会如何回答？

很多人会在自己的脑海中闪出无数过往的画面，然后，在总结了自己过去的经历之后，怀着各种情绪回答说："我是一个工程师。""我是一个成功者。""我过得不太好。"

在回答这个问题时，几乎所有人都会从自己过去的经验里总结出一个符合自己现在状态的身份。这是人们自我认识的一个普遍规律。我们总是要从过去别人对自己的评价、自己的各种行为中来自我界定、自我认识，这是很正常的。

不过我们也应该意识到，这样对自己进行定位，往往会蒙蔽自己对自身潜力的认知，甚至会使自己未来的发展受到限制。

丹麦哲学家索伦·克尔凯郭尔曾说："你一旦给自己贴上标签，你就是在否定自我。"的确，当一个人被别人贴上各种各样的标签时，这个人的潜在能力就已经遭到了他人的忽视。同样地，当我们给自己贴上标签的时候，我

Chapter 1 遇见自己
悦纳自己的时刻 你是最美的

们已经忽略了发展其他潜能的可能。

放眼看看吧，这是一个到处贴着标签的世界，几乎所有东西都是明码标价的。超市的柜台里贴着标有商品价格的标签，制服上贴着区别不同工种的标签，不同单位的门前挂着表明各自职能的标签……标签已经成为我们界定这个世界的唯一标识。

为了让自己更快地被人们所熟知，我们也爱给自己贴上一个个标签。这些标签有时来自他人，有时来自自己，但更多的时候是二者的综合体。通过这些贴在我们身上的标签，我们确定了自己的身份，感受到了自己的存在。存在感，是我们能够在这个世界生存下去的重要原因，我们都害怕失去存在感。

然而，当我们时刻感受到自己的存在时，我们也会沉浸在其中无法自拔。太阳每天都是新的，新鲜的事物每天都在不停地涌现，而存在感赋予我们安全感的同时，阻止我们去尝试新的东西。因为，当我们接触这些新的事物时，通常会因为无所适从而感到焦虑不堪。因此，标签成了我们逃避现实的一个非常"有效"的借口。当有人问我们陌生的物理定律时，我们可以说"我是文科生"，从而逃避回答；当我们需要增加自己的计算机技能时，我们可以说"我的岁数已经很大了"，从而逃避学习。一个标签，可以给我们提供众多逃避的借口。无论什么时候我们想逃避一件事，无论什么时候，我们想掩饰自己能力的不足，我们都能从众多标签中为自己找到合适的那一个。

当我们习惯于对自己进行界定，习惯于用标签来推诿责任时，就等于放弃了努力，这注定了我们在以后的日子里是不可能得到更好的发展。我们会像在温水里待久了的青蛙一样，固守当下的生活状态，拒绝寻求改变，再多的机会也抓不住。所以，我们也就不难理解，一个学习成绩很差的人为什么总是无法提高自己的成绩，一个性格暴躁的人为什么越来越难以与人相处。

当他们被这些标签所束缚的时候，他们就会做出符合标签所界定的行为，而这些行为又会进一步加深他们对自我的既定认知。

标签是一种对过去的评价，但我们一定要记住，不要让标签为我们这一生盖棺论定。在我们的内心中，还储藏了无穷无尽的潜能，等待着我们去挖掘。我们要勇敢地撕掉那些标签，看清真实的自己。这样，我们才是一个发展的人、一个完整的人。

这里我给大家几点建议，希望能帮大家尽量摆脱标签给自己的限制。

1.打破过去的刻板印象

谁都无法摆脱过去，任何一个人都是从过去中成长、发展过来的，过去为我们提供了丰富的养料，但是也在无形中束缚了我们的思想。所以，我们必须打破过去所形成的对自己的刻板印象，重新认识并不断丰富自己。

2.认识到标签给我们带来的负面影响

我们是人，不是商品，更不是从模子中印出来的产品。我们有无限的发展可能，而标签却会使这些潜能被忽视。我们必须认识到这一点，从标签的束缚中跳出来。

3.制订不同以往的计划

循规蹈矩的人往往缺乏创新能力，这样的人是很难发现自己所具有的潜力的。制订一个与以往截然不同的计划并马上付诸实施，弄清楚自己在哪些方面还具有发展的潜力。

4.树立一种坚定的信念

只有强大的信念，才能摧毁旧观念，占领心灵的高地。当我们不停地对

Chapter 1 遇见自己
悦纳自己的时刻 你是最美的

自己进行积极暗示时,我们的内心便会建立起一种牢固的信念。因此,在消除标签心理的过程中,我们可以用同样的方式来达到目的。对着自己的内心,请真诚地默念:过去的你不是现在的你。

记住,过去的你不是现在的你,你时刻都是新的!不沉溺于过去,也不陶醉于未来,你就是当下的你,一个拥有无限可能性的你。

接纳自己，就接纳了世界

　　一个人要接纳另一个人，并不是一件容易的事，接纳自己更难。有的时候，我们太过追求一个毫无缺点的自己，对自己总是有各种各样的不满。要知道，"金无足赤，人无完人"，谁都有缺点，但是每个人也都有优点，即使是由于自身的原因导致了错误，也不要过分自责，要宽容地原谅自己，从错误中吸取教训，只有这样才能形成积极的心态，也才利于今后的成功。

　　人只有先学会爱自己，才会得到别人的爱，才会被这个世界所接纳。即使我们一无所有，至少我们还拥有自己，自己是无价的，自己就是最大的财富。你珍惜自己，把自己看作是无价之宝，这个世界才会把你看成无价之宝。

　　接纳自己需要勇气和毅力，同时是一个痛苦的过程。因为我们要直面自己的不完美，接纳自己的缺点，也要接纳自己的优点。明白哪些是自己能做的事情，我们会多一点自制和自信，生活便会多一点快乐。

　　每个人都有属于自己的特点，同样一种特点，在某个角度来看是缺点，

Chapter 1　遇见自己
悦纳自己的时刻　你是最美的

而从另一个角度来看就变成了优点。但是，人们往往习惯于欣赏别的人和事，对于别人的辉煌成就望洋兴叹，自惭形秽，却忽略了自己。还有一些人则选择盲目地模仿，最后只落得"东施效颦"的下场。

接纳自己其实很简单。

1. 停止与自己对立

"停止与自己对立"指的是要停止对自己的不满和无休止的批判、指责。不管自己做了多少不合适的事，存在多少缺点，从现在开始，都要停止对自己的挑剔和指责，多看自己好的一面，多认可自己，维护自己生命的尊严和价值。

2. 停止否认或逃避自己的负面情绪

如果产生了负面情绪，不要先急着去抑制、否认或者掩饰，更不要一味地生自己的气。首先应该坦然地承认并且接纳自己的负面情绪，无论它是沮丧、愤怒、焦虑还是敌意，都要把它视为正常的情绪而不是洪水猛兽。其实，负面情绪的存在也有其正面意义，它会提醒你对现状应该有所警觉，也是改变现状的先决条件。如果一个人从来都不会因为自己的成绩差而沮丧，他就不会产生努力学习的动力；如果一个人从来不会因为与别人产生矛盾而苦恼，他就不知道自己的人际交往方式需要调节。因此，不要害怕产生负面情绪，要接纳它，然后再想办法解决引起负面情绪的问题。

3. 无条件地接纳自己

很多人从小就得到了各种各样的有条件的关注，这导致他们以为只有具备了某种特定的条件，比如优秀的学习成绩、过人的专长、出色的业绩，才能获得被自己和他人接纳的资格。因为自己在这些方面不具备优势，于是很多人背上了自卑的包袱。也因为曾经被挑剔，所以他们逐渐习惯了用挑剔的目光看待自己，越看越觉得无法接受自己。其实，接纳自己是没有条件的，这是人的一种本能。

4.以建设性的态度与方法，对待自己的弱点及错误

如果一个人能够正确地看待并且接纳自己的弱点，那么，即使是弱点，也能发挥它的作用。首先，弱点能够让我们了解自己的局限性，使我们不至于狂妄自大，并且使我们懂得应该尊重有相应长处的人；其次，弱点让我们了解自己哪方面是不擅长的，从而可以集中精力去发掘自己的优势，这样就可以少走弯路。

只有懂得接纳自己的人，才会发现属于自己的美丽：宁折不屈的人，拥有的是坚强、豪迈；含蓄内敛的人，拥有的是凝重而深刻；历经坎坷的人，拥有的则是毅力和柔韧。正因为不同的人有不同的魅力，世界才会多姿多彩。

无条件地悦纳自己

很多对"悦纳自己"这个词语一知半解的人常常会感觉困惑不已：对自我的一切都采取积极的态度，意思就是无论是好的还是坏的都要一股脑儿地接受？可如果是本来就应该改正的坏习惯呢？如果是性格上的那些令人难以忍受的缺点呢？

之所以会产生这样的疑问，其实不难理解，因为大部分人已经习惯了有条件地爱和被爱。在我们的生活中，几乎没有人肯相信人生来就是有价值的，一个人之所以被爱，并不是因为他做了什么，而是因为只要他存在，他就值得被爱。

当我们还是一个什么也不会、什么也不懂的小婴儿时，我们不知道什么是好什么是坏，我们理所当然地认为自己应该得到爱，并且那时的我们确实是完美的，因为无论是不是满脸满手都粘着米粒，无论是不是将大便拉在裤子里，无论是不是把黏黏的口水沾满妈妈的衣襟，一切都不会影响我们的可爱和我们存在的价值。

然而，随着小婴儿一天天长大，我们的父母和社会却告诉我们另一个事实：如果你这样做，我就爱你；如果你不听我的，我就会惩罚你。如果你那样做，我就夸奖你，否则我就不喜欢你。时间久了，我们就明白：事情分对错好坏，如果我们做对或做好了某事，我们就是可爱的和有价值的；如果我们做错或弄糟了某事，我们就不可爱甚至失去价值。

正是这些评价好和坏的标准，让我们在不知不觉中禁锢了自己的心灵。于是，我们时时刻刻都要与周围的人进行比较，却忘了每个人都是独特的，其实没有什么可比性；我们误以为自我批评是一种美德，却忘了自我批评的前提是先对自我有足够的接纳；对别人的评价过度在意，却没想过别人是按照我们希望他们看到的样子来看我们的；总以为所有人都在关注我们的表现，却不知道每个人其实都在盯着自己，根本没时间去看别人。

我们就是这样一步一步地走进自己亲手架设的牢笼，距离自己的内心越来越远，以致再也无法听到属于自己的声音，只是机械地按照社会标准来衡量自己，对自己的不满就这样蔓延到无法收拾的地步。

其实，每个人都应该了解的一件事是：爱自己和接纳自己是不需要任何条件的。不管我们曾经做过什么，不管我们是什么样的人，不管我们拥有什么样的外貌特征、声音、体味，不管我们拥有什么样的文化和家庭背景，作为这个世界的一员，我们都是独一无二的，是唯一的，我们的使命是让这个世界因我们的存在而更多元、更丰富。

因此，我们天然地就应该被接纳、被珍爱，尤其是被我们自己所接纳和珍爱。

构建核心自我

是否想过，为什么我们那么在意别人的评价？为什么别人随口说的一句话，可能就会影响到我们的心情，甚至改变我们的选择？

每个人都渴望被关注，所以我们在意外界的评价。

在很多人眼里，别人对我们的评价，意味着别人对我们的存在表示肯定。在乎别人的评价，就是在乎自己的价值是否被人看见。

而别人的评价之所以会对我们产生巨大的影响，是因为我们的自我太脆弱了。一个人只有在不了解自己的时候，别人的看法才变得重要。

正因为如此，我们依赖外界对我们的评价，我们常常为了得到别人的好评而讨好别人，甚至不惜委屈自己，更不敢表达自己的看法和感受。我们会努力调整自己，以争取做到别人眼中的最好。久而久之，我们就把自己搞得非常疲惫。

我们需要做的是构建核心自我。

自体心理学的创始人海因茨·科胡特说："在情绪的惊涛骇浪中，有一个核心自我稳稳地站在那里。它会摇晃，摇晃是一种呼应，但只摇晃，根基不被动摇。"

在核心自我构建之前，我们仿佛只是随环境而动。但在核心自我形成之后，当环境发生变化时，我们会为之所动，会给予适度的回应，却不会动摇根基。不仅如此，我们还具备了从环境中跳出来观察的能力与智慧。

构建核心自我意味着重视和尊重自己的感受，而不是别人的感受，重视自己的价值判断，而不是外界的价值判断。

每个人的感受都不同，因此，每个人的核心自我也都不同。比如一个女孩在传统观念的影响下，会得到这样一个信息：结了婚就不能离婚，离婚就意味着人生的失败，别人就会看不起她。因此她宁肯在痛苦的婚姻里挣扎，如同行尸走肉一般无趣地活着，也不肯按照自己的感受，去再次寻找自己真正想要的生活。但如果她能尊重自己的感受，信任自己的感受，她可能就会摆脱"结了婚再离婚就是人生的失败"这样的落后观念，做出不一样的选择，去追求让自己感觉更加幸福的另一种人生。

在这个世界上，最了解你的人是你自己，一定不是外界，不是别人。因此构建核心自我的标准，肯定也源自你的内在感受和价值判断。

所以，不要过度依赖别人的评价、陷于外界的束缚之中。无论如何，人生是属于我们自己的，鞋子合不合脚，只有穿的人有发言权。

既要知足，也要知不足

人们常说，知足才能常乐。知足是一种明智的人生态度与处世哲学，知足的人在生活中的任何际遇下都能安享人生之美，乐天知命。但是，知足也应该有度，如果过于"知足"就变成了不思进取，让我们的一生安于现状、碌碌无为。而且，知足虽然能让我们体会到更多的人生乐趣，却无法给我们的人生指明前进的方向。因此，不仅要知足，也要知不足。俗话说"知不足，然后能自省"，也就是说，通过反省，知道自己身上存在着什么不足和缺陷，了解自己有什么困惑，然后才能完善自我，成为更好的自己。

"知不足"不是放任自己的野心无止境地发展，不是任由自己的欲望无限制地膨胀，也不是盲目地追求高不可攀的目标，更不是急于求成，而是在了解自己、对自己进行审视的基础上，从现实情况和自身条件出发，弄清楚自身所存在的问题和不足是什么，然后以切实可行的行动来弥补和完善。只有"知不足"，才能知道自己缺什么，距离目标有什么差距，如何接近自己的目标。

"知不足"应该体现在方方面面：既要在个人的人生追求和人生价值上知不足，也要在社会发展和进步上知不足。只有这样，个人与社会的发展才能得到源源不断的动力，在知不足中不断攀登到人生的新台阶、进入到社会的更高层次。

人生应该在知足中感受幸福，在知不足中寻找前进的方向，获取进取的动力。生活中常怀一种知足常乐的心态，内心才能保持安宁，收获一份淡然与闲适。但在为人处世的时候，应该懂得知不足的真谛，从而清楚地看到自己与他人之间存在的距离，驱使自己不断地向着更高的目标进取、努力，使自己的人生更加充实、高效。

正因为知不足，才会不断追求、弥补不足，让自己更完善。加拿大著名教育学家迈克尔·富兰在他的著作《变革的力量：透视教育改革》（*Change Forces: Probing the Depths of Educational Reform*）中也曾经提到过这个观点，他认为："问题是我们的朋友，问题不可避免要出现，假如没有问题，你就学不到东西。"从另一个角度来说，当一个人不断地发现问题、提出问题时，恰好说明他获得了不断向上发展的动力。能提出问题，才会有解决问题的可能。而发现问题的过程，从本质上来说，也是解决问题的过程。那些从来都没有问题的人，不是因为他们太完善了，而是因为他们不思进取、安于现状。

在西方哲学史上，流传着这样一个故事：维特根斯坦是大哲学家摩尔的得意门生。有一天，大哲学家罗素来拜访摩尔，在聊天的时候，他好奇地问摩尔："你门下的徒弟这么多，根据你的观察，哪一个徒弟是最为出色的呢？"摩尔毫不犹豫地回答道："维特根斯坦。"罗素惊讶于他的不假思索，问道："为什么？"摩尔回答说："在我的课堂上，只有维特根斯坦在听我讲课的时候，脸上时时流露出困惑的神色，而且会向我提一大堆问题。"

徒弟们后来的发展也验证了摩尔的眼光，维特根斯坦很快就在众弟子

Chapter 1 遇见自己
悦纳自己的时刻 你是最美的

中脱颖而出，最终成长为一位年轻有为、富有声望的学者，他的名气后来甚至超过了罗素。

于是，又有人问维特根斯坦："罗素为什么会落伍？"维特根斯坦笑了笑，回答说："因为他没有了问题。"

对于现状始终怀有不满之心，并时刻不忘对自己的生活进行总结、思考，寻找其中存在的问题，是一个人不断发展、获得进步的重要标志。从某种意义上来说，之所以要知不足，正是为了让自己在为人处世中做得更好、更完善，是一种积极进取的、精益求精的姿态。在任何一个领域，无论是个人成长还是社会发展，都需要保持这样一种进取的心态。

Chapter 2
相信自己
在这个世界上,你是一种独特的存在

你就是你，不必迎合别人

生活中，我们经常会看到这样一种人：他们总是感到很痛苦，因为他们得不到别人的认可。别人不理解他们，不了解他们，他们总也无法成为别人希望的样子，他们尽自己所能，但还是不能让别人满意。他们总是想迎合别人的想法，却总是以失败告终。

现实生活中，我们大多数人都有过类似的经历，不是一味迎合上司，就是一味迎合家人，反正很少考虑自己的需求，总是让别人的言行来决定自己的行为，这样的人缺少主见，总想迎合别人，而别人的思想根本就不是他们能够影响和左右的，更别说掌控了。一味地去迎合别人注定会庸庸碌碌。

当一个人试图改变自己，按照别人的期望改造自己的时候，他的失败就已经注定了。

首先，我们每个人都是为自己而活的，活的是自己的人生。只有真正成为一道独特的风景，才会被人欣赏。

其次，改变自己去迎合别人，这是舍本逐末的做法，自然不会有好的结果。

最后，即使目前还没有成功，即使还需要仰望别人，借助别人的力量，也并不意味着就要舍弃自我。否则，即使取得了成功，也不能算作真正意义上的成功。

正确的做法应该是：为自己而活，做自己期待的人，做自己希望成为的人，即使目前还没有成功，只要不放弃这样的思想，成功是早晚的事情。不要为了迎合别人的期望削足适履，同时不要太在意别人的议论。每个人在向着自己的目标迈进的过程中，都会遇到各种各样的困难和挫折，其中就包括别人的非议和嘲讽。这都是正常的，我们需要做的是充耳不闻、视而不见，不妨做个"聋子"。"聋子"听不到别人的嘲讽和议论，眼中只有自己的目标；"聋子"不受别人议论的影响，一心只向目标迈进。

当然，需要特别注意的是，不在意别人的议论并不是一种妄自尊大、唯我独尊的表现，而是坚持自己的理想和信念，不为别人的非议轻易动摇。因为每个人都需要善意的忠告和劝告，也需要友谊雨露的润泽。许多时候，自己脸上的灰尘，身上的缺点，自己难以看到，只有通过别人的忠告才可以发现。分辨出那些对自己有帮助的意见，屏蔽掉那些干扰自己正常生活的议论，才能够活出真我独特的风采，不为别人的议论而限制自己的内心。

走自己的路，不要太在意别人的想法和议论。如果你还在为别人的议论发愁，那么试着做以下几件事，会让你重拾自信的快乐。

1. 自己和自己对话

你想得到什么？你到底需要什么、不需要什么？搞清楚这些问题以后，你才能了解自己的真实需求。

2. 不要把简单的事情复杂化

很多事情原本很简单，都是自己搞复杂了。一心想在别人心目中留下一

Chapter 2　相信自己
在这个世界上　你是一种独特的存在

个完美无缺的印象,这怎么可能?别人怎么看你,那是他们的事。如果因为表现不好而惴惴不安,很可能表现越来越糟糕。你就是你自己,做真实的自己,不要太过追求完美。

3.好好活出自己就可以,不要管别人怎么评价

大家都在努力做自己的事情,你也应该把自己的注意力更多地放在这些事上,不要总惦记着别人怎么评价你,也不要让别人的评价影响你。你把事情做好了,大家自然会向你投来欣赏的眼光。你整天在一些无关痛痒的小事上纠缠不清,只能是作茧自缚。在别人心目中,我们并没有自己想象中的那么重要。

4.充分发挥自己的主动性和能动性

你应该主动去寻找快乐,主动做你能做的事情!不喜欢的人,不喜欢的环境,不如暂时避开。

不必比较，你是独一无二的

《牛津格言集》中写道："如果我们的目标只是想得到幸福，那这个目标是很容易实现的。但通常我们说幸福的时候，指的是要比别人更幸福，这个目标很难实现，因为我们对于别人幸福的想象总是超过实际情形。"

事实的确如此。生活中，有很多人总是在为自己的不幸而感慨、抱怨、哀叹，却一心向往别人所拥有的幸福，觉得"生活在别处"。于是，他们不断地发牢骚："邻居家的小王一个月能赚一万块钱，为什么我的工资只有可怜兮兮的四位数呢？""小张买了一套大房子，为什么我现在只能租房子住呢？""人家的孩子怎么就那么争气呢？看看自己的孩子，真是没办法……"

现实中这样的例子实在是数不胜数，有人与别人比较容貌，有人与别人比较工作，有人与别人比较婚姻，有人与别人比较儿女……在有些人的心目中，什么都要拿出来比一比，先比自己身上的东西，再比自己拥有的东西，然后比生命中承载的其他东西，只要是别人有的自己也要拥有，如果别人在某些方面比自己优秀就无法接受，心情就会受到影响，一定要高别人一头才

Chapter 2　相信自己
在这个世界上　你是一种独特的存在

能得到满足。

他们永远看不到，在这个世界上，每个人都是独一无二的存在，更看不到自己所拥有的一切其实是多么宝贵：关爱自己的父母、体贴的爱人、聪明的孩子、知心的朋友、一套温暖的房子、一份比上不足但比下有余的收入……就像漫画大师朱德庸说的那样："我相信，人和动物是一样的，每个人都有自己的天赋，比如老虎有锋利的牙齿，兔子有高超的奔跑、弹跳能力，所以它们能在大自然中生存下来。人们都希望成为老虎，但其中有很多人只能是兔子。我们为什么放着很优秀的兔子不当，而一定要当很烂的老虎呢？"

究其根源，比较的心态产生于一个人内心不确定和不自信的成分，人们之所以拥有这种心态，是因为希望以一种从众的方式来赢得他人的认可，只有和别人保持一致，才会感觉自己赢得了胜利、获得了幸福。如果自己不具备别人所拥有的东西，就会忐忑不安，感受不到快乐。

当然，比较也是有一定积极意义的，从某种程度上来说，比较还是人类进步的一种动力。一个人如果想在社会上确定自己的位置，并不断超越自我，就需要给自己选择一个参照物。然而，我们提倡的是理性的比较，而不是盲目的比较。我们可以不知足，但是不能盲目攀比，否则就会失去自我和个性，到头来只能是徒增烦恼。

理性的比较应该讲究方式方法，不能总是拿自己的短板跟别人的长处相比，不能拿自己的不幸跟别人的幸福相比。古印度有一个古老的传说：佛陀为了消除人间的疾苦，让助手到人世间找来一百个自认为最痛苦的人，让他们把各自的痛苦都写在纸上。写完以后，佛陀让人们互相交换字条，这样一来，痛苦就被交换了。这一百个人交换过字条之后，打开一看全都大惊失色，纷纷争着从别人手中抢回自己的字条。

可见，在这个世界上，每个人都有自己的烦恼，即使是那些整天被鲜花和掌声所包围的人，也有不为人知的痛苦。但我们眼中往往只有他人成功的光环，很难看到他们为此付出的代价。

事实上，与人相比、与人竞争都是非常正常的现象。只有看到自己的短处，才有可能尽快使其得到弥补，不断获得人生的进步。而那些因为人比人而被气死的人，往往是因为自身性格和心理上的缺陷导致了他们近乎无可救药的自卑，即使他们已经非常优秀。很多人就是这样，总是习惯拿别人的长处来和自己的短处作比较，和别人比自己没有的东西。这样的人，其幸福指数自然比不上那些想得开、吃得饱、睡得香的"没心没肺"的人。

所以，人应该学会正视自己，学会自我开释。只要退一步想，你就会发现，生活中的很多事情其实并不需要太在意。真正需要我们在意的，是怎么才能及早去除盲目攀比、自我折磨的扭曲心理。

相信自己，你就是奇迹

任何一个在自己的人生中取得了伟大成就的人都知道，他们之所以能够成功，并不是因为"命中注定"。他们知道，世界上的万事万物都不是偶然的，只有那些肤浅而又无能的人才会相信命运，把自己的人生交给命运来掌控，睿智的人只相信自己，他们更愿意由自己来做掌握生命之船的舵手，相信无坚不摧的信念、全力以赴的拼搏精神以及永恒的决心与毅力会帮助他们驶向成功的彼岸。

要想让别人相信你，首先应该相信自己。你需要推销的首先就是你的自信，你越是自信，就越能表现出自信的品质。一个人在内心认可了自己，他的一言一行、一举一动，都会不自觉地显示出自信、轻松和愉快。

很多人总是抱怨机会不肯在自己的门前驻足，其实在发牢骚之前，首先应该检讨一下自己：你是不是对自己没有信心。当你失去自信的时候，机会也会离你而去。缺乏自信常常是自身软弱的表现。人们总以为自己是被别人打败的，其实真正的对手往往是自己。要想成为有用的人才，首先你要相信自己的才能。在做任何事情之前，如果你能够肯定自己、相信自己，你就已经成功了一半。

真正的自信不是自命清高，也不是骄傲自负，更不是高傲自大、傲慢不逊和盲目乐观；真正的自信是能够清楚地看到自己的长处和优势，肯定它们并大胆地展示出来，并且不断地提升自己，使自己的优势得到更好的发挥。这是内在实力和实际能力的一种客观评价和真实体现，自信的人不会夸大自己，也不会过于谦虚，他们能清楚地认识自己，并且能预见和把握自己的发展趋势。

当然，我们不能仅凭单薄的外部力量树立自信，最根本的还是从自我做起。

1. 常用"我行""我最棒"等积极的语言暗示自己

在鼓励自己的时候，要用果断的口气，不停地默念这些语句。要反复念，特别是在遇到困难时默念。只要你坚持默念，特别是在早晨起床后反复默念10次，在晚上临睡前默念10次，就会通过自我的积极暗示心理，逐渐树立信心，逐渐有了心理力量。

2. 寻找自己的最佳位置

自信有一定的范围，在自己的优势方面，人们通常会表现得非常自信，但在自己不擅长的地方，这种自信可能就失去了存在的根基。李娜在网球场上自信心很强，但是如果让她去打篮球，她的自信可能荡然无存；林丹在打羽毛球的时候总是表现出统治球场的霸气，但是如果让他去跑百米赛跑，可能他的名次并不理想。

"尺有所短，寸有所长"的道理就在于此。每个人都在努力地寻求发展，然而，在此之前，你首先应该找到自己最佳的人生位置。只有找准了人生位

Chapter 2　相信自己
在这个世界上　你是一种独特的存在

置，才能根据自己的才智或特长来规划自己、设计自己，确定正确的努力方向，并充分利用各种有利条件，不断增长和提升。只有这样，才能获得更强大的自信。

3. 多想开心的事

在生活中，每个人都有自己开心的事，也有不开心的事。开心的事通常是你自信心的来源，因为你之所以会为这件事而开心，通常是由于这件事你做得成功、出色、得到了众人的肯定。多回忆让自己开心的事，将使你正确估价自己的力量。

4. 主动与人交往

良好的人际关系也是自信心的源泉。在人与人之间的友善交往中，双方都会感到人间的温暖、人间的真情，这种温暖与真情会使人充满力量，客观上也会提升人的自信心。

5. 以勤补拙，增强信心

懒惰、懈怠的人通常不会有很强的自信心，因为他们一事无成。自信来源于勤奋，来源于刻苦，来源于付出。没有冬练三九、夏练三伏的努力拼搏，奥运健儿们是不可能得到胜利的桂冠的。因此，要建立自信，应该保持积极向上的心态，勤奋学习，学会迅速捕获信息，不断用科学文化知识充实自我、更新自我，在自我得到提升的过程中，你的信心也会一点点地增强。

6. 不要过分追求完美

过分追求完美的人通常会过分地苛求自己，设立的标准越高，实现的可能性就越小，自我满足感也就越不容易得到。长期处于这种得不到自我满足的心理状态，自信心就会被削减。事实上，每个人难免会有缺陷。对于弱点、错误和失败，要有正确的认知，不要过分苛求自己去做一些做不到的事情，更不该轻率地否定自己。

7.把你走路的速度加快25%

心理学家通过研究发现，如果一个人在自己的生活中经常表现出懒散的姿势、缓慢的步伐，那么他给自己、给别人的感受通常是不愉快的。身体的动作是心灵活动的结果。那些遭受打击、被排斥的人，走路都是拖拖拉拉的，完全没有自信心。人们往往会认为这样的人是消极的，而他自己也在潜意识中失去了努力向前的勇气。

因此，丢掉懒散的步伐吧，借着改变姿势与速度，使自己的心理状态得到调整。把你的走路速度提高25%，你的自信心也会随之增长。

比平庸更可怕的，是盲从

每个人都存在着或多或少的"从众心理"，因为谁都不可能对任何事情了解得一清二楚，对于那些缺乏信息、不能做出准确判断的事情，人们往往会本能地选择"随大流"。尤其是当持某种意见的人越来越多的时候，人们更难坚持己见，更愿意相信他人的选择。

其实，盲目跟风，最终你会发现自己陷入了一个匪夷所思的泥潭。很多事情，只要你用自己的头脑来思考一下，就能做出正确的选择。

不要因为大家都这么做，就盲目跟风，也不要为了迎合别人而改变自己为人处世的原则。不管别人如何，时时、处处保持自己的本色，这才是真正的智者。外界环境一发生变化就改变自身的初衷，这样的人在摇摆不定中一定无法达到自己预期的效果。

不要因为仰慕别人头上的光环就忽视自己的人生价值。每个人都有属于自己的一块天地，别人能获得成功，你也能！只是，通向成功的道路有千万条，你走的那一条可能与别人不同而已。

如果在生活中失去了自我思考，总是一味盲从、随大流，从而失去独特的自己，让头脑成为摆设，成为别人的"复制品"，这样的人生又有什么意义呢？所以，我们要果断地拒绝盲从，用自己的头脑来思考，活出自我。那么，怎样才能拒绝盲从呢？可以从以下几点开始尝试。

第一，在面临选择的时候，自己先好好思考一下各种选择的利弊，什么样的选择更合适。不要急着去问别人的意见，更不能别人一有建议就马上不假思索地照做。要记住，你不是机器，而是一个有头脑、有思想的人，应该充分发挥独立思考的作用。

第二，对于别人给出的意见或者建议，先要在大脑里过滤一下，看看是不是符合自己所面对的现实情况、是不是能够对自己起到正面的作用。只有答案是肯定的，才选择接受。

第三，凡事要多角度思考，考虑得越周全，决定也就越趋于正确。如果只从一个角度去看问题，很容易就会钻牛角尖，思维也会越来越狭隘。

第四，当别人的观点与自己存在分歧时，不要轻易放弃自己的观点。即使对方是权威人物，也不要轻易相信他们的观点就是对的。人无完人，所有人都可能犯错，权威人物也不例外。只有自己积极地思考、判断、辨别，才能得出有助自身成长和提升的观点。

第五，当大家都一窝蜂去做一件事的时候，不要盲从，要认真想一想：这么做是对的吗？不这么做会有什么样的结果？有没有替代方案？

唤醒心中的雄狮

土耳其有一句谚语:"在每个人的心中,都隐伏着一头雄狮。"这头雄狮就是你自己,把雄狮从沉睡中唤醒,你就会势不可当。所以为什么要甘于平庸的生活呢?

请告诉你自己:你是最棒的!

你的出生本身就是一个奇迹,为什么不能再勇敢地创造另一个奇迹呢?你要尽全力提升自己,尽力挖掘并发挥你的潜能。别人能够获得成功,你为什么不能?别人能够创造财富,你为什么不能?上帝对你是公平的,你拥有健全的四肢和聪明的大脑,为什么不能努力去过你想过的生活?为什么不能努力向上,使生命更富有朝气?为什么不能去帮助那些在苦难中挣扎的人,使他们重新找到自己的人生坐标,走上成功之路?

对每个人来说,生命都只有一次,如果不好好把握这次机会,创造更多的价值,难道还要寄希望于来生?不要辜负上天赐给你的生命,用它去做一些有意义的事，让这个世界变得更好。

唤醒你心中的雄狮吧！

1. 学会进入别人的视线

如果仔细观察，你会发现，在教室里，后排的座位通常是最先被坐满的。大多数坐在后排的人，都希望自己不会"太引人注目"。而他们怕受到别人的关注，原因就是缺乏信心。坐在前面能帮助你建立信心。把它当作一个规则试试看，从现在开始就尽量往前坐，让自己进入别人的视线之中。

2. 学会正视别人

一个人的眼神如同商品的二维码，透过眼神，人们可以了解到很多信息。如果你不敢正视别人，对方往往会对你产生怀疑：他想要隐藏什么呢？他在恐惧什么呢？他会对我不利吗？不敢正视别人，通常意味着：与你站在一起，我感到很自卑；我感到不如你；我怕你。而刻意躲避别人的眼神，则意味着：我有罪恶感；我做了什么不好的事情，不希望你知道；我怕一接触你的眼神，你就会看穿我。这都会向人们传递不好的信息。而正视别人，直面对方的眼神，则等于告诉对方：我很诚实，而且光明正大；我相信我告诉你的话是真的，毫不心虚。

3. 学会当众发言

在交往中总是保持沉默的人通常认为：我的意见没有新意，也没有价值，如果说出来，别人可能会觉得很愚蠢，我最好什么也不说；别人都比我聪明，我并不想让他们知道我是这么无知。这些人也会不满于这样的现状，并且常常会信誓旦旦地暗下决心：等到下一次我一定要发言，绝不做闷葫芦。然而，他们实际上很清楚，这一目标是无法兑现的。每当这些沉默寡言

> Chapter 2　相信自己
> 在这个世界上　你是一种独特的存在

的人在该发表意见时却保持沉默,他们内心自卑的毒素就又加深了,自信逐渐流失。从积极的角度来看,如果多当众发言,就会增加信心,下次发言也更容易。

4.做自己能做的事

做自己力所能及的事情时,个性会显现出来。重要的是,与其努力恢复自我形象,不如找一些当下可以做的事。知道应该做的事,然后努力去做,就可以从自我的形象中获得解放。总之,要试着记下马上就能着手去做的事,然后加以实践,不要总是想一步登天,很多人就是因为这样,最终一事无成。

激发你的潜能

在体育界流行着这样一句话:"如果不用,就会失去。"肌肉如果得不到充分运用,就会逐渐萎缩,而这种萎缩程度之大,足以对身体造成巨大损伤。如果我们不去尽我们所能唤醒自己的潜在能力,这些能力也有可能会转化成自我毁灭的渠道。

我们每个人身上都有或多或少的潜能等待我们去挖掘。如果我们能够发现并利用这种力量,便可以取得更高的成就,创造出奇迹,我们的一生都会因此而令人激动。

有一位催眠师曾经做过这样的表演来向人们展示潜能的巨大威力:他先是把一个普通人催眠,然后用两张椅子支撑着这个人的头和脚,中间没有任何支撑,让其身体处于悬空状态。一切准备就绪后,催眠师让四五个人站在被催眠者的身体上。这时,奇迹发生了,这位被催眠的人竟然可以支撑住这四五个人的重量。然后,催眠师在他身上放了一块木板,让一匹马站在上面,这位被催眠者仍然可以承受住如此巨大的重量。这样不可思议的事情为

Chapter 2　相信自己
在这个世界上　你是一种独特的存在

什么会发生？按照常理，一个普通人绝不可能承受住四五个人或者一匹马的重量，况且自己的身体下面还毫无支撑。能够给出的合理解释就是，这个被催眠者自身的潜能。在催眠状态下，他进入了无意识状态，而屏蔽了意识的作用。因此，当有四五个人站在他的身体上时，他不会觉得自己没有能力承受，在无意识状态下激发了自己潜在的能量。

世界上之所以有这么多一事无成的平凡人，正是因为他们还没有意识到自己身上所具备的潜能，还没有试着去打破束缚自己的刻板意识。他们囿于自卑，无暇开发自身的宝藏。如果你愿意开放心灵，接受现在的自己，并为现在的自己而骄傲，那么你就能摆脱自卑的恐惧，进而信心满满地去改造自己的先天缺陷。如果你可以深入自己的潜意识之中，你就能够发现生命的源泉，这能为你提供源源不断的活力。成功正是由此而来。

因此，无论你具有哪一种能力，都应该善加利用，而不必隐藏自己。

如何挖掘自身的潜能呢？可以试试以下几种方法。

1. 目标假定法

在你心中勾画出一个比现实中的自己更为完善的"自我"形象，用这个形象来激励自己的斗志，有利于释放潜能。对更好的自己的向往，会对你产生一种督促作用，使你不断地努力，向心中的那个完美形象更近一步。

2. 光明思维法

世界上的任何事物都有光明和黑暗的一面，有阳光存在的地方，就有阴影。聪明的人会让自己始终站在阳光里，他们会用积极的思维方式，多去看事物光明的一面。对自己也应如此，多看自己的优势，少去为劣势而苦恼，就能成就更好的自己。

3.实践法

只有在实践中,人们的潜能才能得到更彻底地发挥。要培养有利于激发潜能的习惯,从小事做起。比如,如果你打算先开发自己的语言潜能,可以准备先为自己画一幅"未来演讲家"的漫画,把它贴在书桌前,提醒自己"我将成为一名口才卓著的演讲家",然后坚持每天练习自己的口才。

4.多和积极的人交往

和积极的人交往能激发你的志向,并促使你不断思考和行动。对于那些了解你且能够永久激励你的人,你应当与其保持密切联系。他们的激励能够有效帮助你挖掘自己的潜能,他们的肯定也会增加你的自信,使你更确定自己会成为一个什么样的人。

一个人只有具备积极的自我意识,才会正确地认识自己,并知道自己在未来能够成为一个什么样的人。他们会积极地开发和利用自己身上的巨大潜能,干出一番非凡的事业。美国前总统富兰克林·罗斯福曾说过:"杰出的人不是那些天赋很高的人,而是那些把自己的才能尽可能发挥到最高限度的人。"

想象自己很出色,用积极的动机推动行为的发展,通过不懈努力,你就能成就更好的自己。

别让自卑毁掉你的人生

自卑感是人生中一个无形的敌人,你必须想方设法去战胜它,否则,它会在日复一日的自我暗示中使你丧失信心,陷入不安、恐惧、怯懦的状态之中。

自卑的人有一个通病:总是自己看不起自己,感觉自己处处不如别人,觉得自己无心无力做一件有挑战性的事情,经常把"我不行""我真是太差劲了""我没希望""我肯定会完蛋的"之类的口头禅挂在嘴边。自卑的人还有一个明显的表现,就是具有非常强的自尊心理,自卑与自尊这两个看似矛盾的特质经常会在他们的身上同时出现并发生冲突,这种冲突又会使他们在自卑的深渊里越陷越深,无法自拔。

其实,自卑是一种性格特点,我们应该对它有正确的认识。放眼古今中外,几乎无人不自卑。不管是圣人贤人、富豪王者还是贫农寒士、贩夫走卒,在他们的潜意识里,都有一种或明显、或潜藏的自卑感。有自卑感并不可耻,重要的是不要让这种危险的念头主宰你的头脑和身体,你要相信,你会战胜自卑的。

我们首先来了解自卑感是如何产生的。自卑感产生的原因多种多样,但主要的原因是以下这些。

1.自我认识不足,过低评价自己

每个人总是把他人当作一面镜子来判断自己、认识自己,换言之,人们总是会在意他人对自己的评价,并不断拿自己与他人比较,并通过这两种途径来认识自己的长短优劣。如果他人对自己的评价比较低,尤其当评价者是很有权威的人,我们对自己的评价也往往会受到影响,从而低估了自己。尤其是那些性格较内向的人,往往更愿意接受别人的低估评价,而对别人的高估评价则感觉难以置信,甚至不敢接受。在与他人比较的过程中,很多人也总是习惯于拿自己的短处与他人的长处比,结果越比越觉得自己不如别人,越比越泄气,自卑感也自然而然地产生了。

2.消极的自我暗示抑制了自信心

每个人在接受一项新任务或者面临一种新局面的时候,要做的第一件事就是对自己的能力进行衡量,看看自己是否具备承担的能力。在这个过程中,自信的人能够对自己做出客观的评价,而缺乏这种特质的人却因为自我认识不足,常觉得"我不行"。因为事先已经给了自己这样一种消极的自我暗示,他们的自信心也就随之被抑制了,取而代之的是紧张感和心理负担。如此一来,在学习、工作和交往的过程中,他们就不敢放开手脚,能力的发挥自然也会被限制,工作效果大打折扣。而这种结果最后会形成一种消极的反馈作用,使以后对自己的评价和行为产生影响,也无形地印证了自卑者消极的自我认识,使自卑感发展成为一种固定的消极自我暗示,从而形成恶性循环,使自卑感越来越重,甚至演变为习得性无助。

Chapter 2　相信自己
在这个世界上　你是一种独特的存在

3. 挫折的影响

人们在遭受挫折以后，往往会产生各种各样的反应，有人会反抗，有人会妥协，有人会固执己见，还有人会变得消极悲观，尤其是性格内向的人，神经敏感而脆弱，稍微受挫就会使他们感受到沉重的打击，变得自卑起来。

4. 生理方面的不足

生理方面的缺陷会对心理产生巨大的影响。如有的人会因为自己的身材矮小或相貌丑陋而感到自卑，有的人因为自己的身体有残疾而自卑。

在了解了自卑的来源之后，就可以对症下药来消除自卑，树立自信。以下几种方法可以借鉴。

1. 量力而行

我们应该对自己的能力有充分而客观的了解，这样，在开始一件事情之前，我们就会对这件事的难易和自己是否能够完成、完成到什么程度有正确的评判，然后量力而行。与知道自己能做什么相比，知道自己不能做什么更为重要。多做力所能及的事，少做力有不逮的事，挫折感就会少很多，而成就感则会不断提升。

2. 正确看待自己

一个人在认识自己的时候，不仅要看到自己的长处，也要对自己的短处有正确了解。你不妨把自己的兴趣、爱好、能力、特长全部列一张清单，哪怕是非常细微的东西也不要忽略。有了这张清单，你会发现在自己身上存在着很多优点，同时你会对自己的弱项和失败的地方持理智和客观的态度，既不自欺欺人，也不吹毛求疵，而是用积极的态度来面对现实，这样自卑就失去了滋生的土壤。

3. 扬长避短。

这个世界上，没有人是全能的，一个人可能在某个方面具有才能，但在另一个方面表现得非常糟糕。既然如此，为什么不扬长避短，去发挥自己的优势，成就一番事业呢？

4. 用行动证明自己的能力与价值

看一个人是否具有价值是非常简单的，根本不需要进行什么深奥的思考，有人需要你，你就有价值，你能做事，你就有价值。所以，千万不要把你的时间都浪费在思考自己的价值这样的事情上，行动起来，先选择一件自己最有把握也有意义的事情去做，做成之后，再去找下一个目标。这样，每一次成功都会对你的自信心产生强化作用，而你的自卑感则会逐渐弱化，一连串的成功则会使你的自信心日渐巩固。

5. 从成功的回忆中建立成功的自我形象

当你对自己有所怀疑，并且深受自卑感困扰时，不妨从过去的成功经历中汲取营养来滋润你的信心。不要一直沉浸在对失败经历的回忆中，把失败的意象从你脑海中驱赶出去，它们不是客人，而是破坏者。失败绝不是你人生的主旋律，而是偶然出现的小插曲。你应该多关注和强调自己成功的一面。一连串的成功，贯穿起来就能构成一个成功者的形象。它强烈地向你暗示，你是具有决策力和行动力的，你能为自己导演成功的人生。

扬长避短，经营长处

在这个世界上，每个人都有属于自己的优势，也不可避免地会有短板。要想活出自己的精彩，就一定要充分认识自己的优势和劣势，知道自己适合做什么，不适合做什么，然后根据自己的优势以及人生发展的需要来确定自己的前进方向，努力发展自己，使自己强大起来。

人先天存在着巨大的差别，后天也有差异，这些都是不可避免的，通常也是难以改变的。如果由于缺乏某方面的才能而处于劣势，这无可厚非；如果明明具有某方面的才能却没有善加利用，最终导致失败，那就实在遗憾了。

在人生的坐标系里，如果一个人站在错误的位置上，用自己的短处去谋生，他就很可能会在永久的卑微和失意中郁郁不得志，甚至逐渐沉沦。认清自己的优势和长处并发挥好它们，对一个人一生的发展非常重要，有时会改变一个人的命运。

"尺有所短，寸有所长"，人生精彩的秘诀之一，就是不断地挖掘自己的潜力、经营自己的长处。凡是成功的人，虽然成功的路径不同，但都拥有一个共同的特质，那就是扬长避短。我们在总结时经常会这样说："以他人之长，补己之短。"事实上，当人们把自己的精力和时间投放到弥补缺点的时候，就无暇顾及增强和发挥优势了，而经过一段时间，说不定原来的长处会转化成短处。更何况，任何人的欠缺都比才干多得多，而且有些欠缺是无法弥补的。

所谓"优势"，就是一个人所具备的独特能力，或者是最熟悉、最擅长的某种技能，它最容易表现一个人在某方面的能力和才华。发挥自己的优势，就如同好钢用在了刀刃上，把最锋利的刀刃用在冲锋陷阵上，这才是最容易取得成功的方法与态度。美国有一位中学生曾经给世界首富比尔·盖茨写信，向他请教成功的秘诀，比尔·盖茨说："做你所爱，爱你所做。"比尔·盖茨所谓的所爱、所做是与一个人具有某一方面的优势和长处分不开的，他正是利用自身的专业优势取得了巨大的成功。

你的优势是什么？要想找到这个问题的答案，你可以先问自己以下几个问题。

1. 我具有哪方面的显著才能

职场中实力为王，而实力是以能力为基础的，我们首先要认识到自己的才能。何谓才能？答案是：首先，你认为自己在这方面比他人出色；其次，社会的认可。如果你的才能得不到社会的肯定，那么无法转化为职场实力，更无法对你的职业发展起到推动作用。

2. 我的工作方式是怎样的

工作方式是多种多样的，有人喜欢制定策略，有人喜欢执行，有人喜欢研究，有人喜欢实践，有人喜欢决策，有人喜欢服从……那你呢？哪种工作

Chapter 2　相信自己
在这个世界上　你是一种独特的存在

方式更能发挥你的才能？

3. 我的动力来自哪里

促使你投身工作的动力是什么？挖掘出你的激情所在，在激情背后支撑着它的往往是你所具备的独特才能。

4. 别人夸赞我最多的是哪一方面

主动向周围的朋友或者长者请教：我哪方面的才能是你最为欣赏的？当局者迷，旁观者清，别人的建议也许更准确，听取别人的意见并进行综合的自我分析以后，你就能找到自己的优势。

著名管理学家彼得·德鲁克曾经说过："对于一个集体，首先应该克服的是'短板定理'，然而，对于个人来说，不要想着努力去补齐短板，而是应该去发挥自己的优势。"劣势需要改善，但没必要花太多时间去苦思如何把缺点转化成优点，要把更多的时间投入到强化优势上，因为优势才是你成长空间最大的地方，是那张能帮你笑到最后的王牌。

没有一个人是全能的，成功者只是比失败者更懂得经营自己的优势，并且规避自己的缺点。

自我激励，给自己加个助推器

人生需要鼓励和赞扬，但是，不是任何时候我们都能得到别人给予的鼓励，在人生的道路上，我们应该学会自我激励，激活你心中的热情，给自己一个强大的推动力。

行为科学认为：一个人的工作成绩和事业成功，与他自身的能力是成正比的，与他的动机和激发程度也是成正比的。也就是说，一个人在能力不变的条件下，如果他所受到激励的程度高，那么他所取得的成就更大，反之亦然。简言之，成功的大小完全取决于受到激励程度的高低。

自我激励与良好的自我心态的关系是紧密的，自我心态越积极，自我激励的频率就越高、强度也越大。因此，具有良好心态的人，"不待扬鞭自奋蹄"，也就是说，他们会不断激励自己，战胜困难，直到最后取得胜利。这也是那些成功者具有强大自信的原因。因为在他们看来，有良好的自我心态，就会有自信心，不断地自我激励。

而且，自我激励与良好的自我心态还会形成一种良性循环。如果一个人

Chapter 2　相信自己
在这个世界上　你是一种独特的存在

有意识地去进行自我激励，那么他会不断为之付出努力，继而不断取得更好的成绩；而有了良好的成绩，就会拥有更好的心态，从而更加相信自己的能力，进一步引发自我激励，去取得事业上更大的成就。

生活中，我们常常会看到，具有同样能力的人，在人生的道路上却有着不同的成就。对此，许多人很不理解。其实这就是受到有效激励的重要原因。但最重要的是，在激励自我的过程中，你可以放手去探索、质询和提出各种问题，然而最重要的是要保持肯定、积极的态度。因为有些事情，虽然突破性较大，但是风险也更高，如果冒险，就要做好失败的准备。万事开头难，任何一件事情都有它的难度和风险，自我激励，有1%的希望，就用100%的努力去争取，那么事情肯定会取得意想不到的结果。

在现实生活中，自我激励的方法很多，关键在于我们要根据自己的实际情况，采用不同的自我激励方法。

1. 离开舒适区

每个人都有一个属于自己的"舒适区"，在这里，你会感觉怡然自得，一旦离开就会觉得有些不习惯。但是这个"舒适区"给你带来更多的是危害。当你习惯了待在自己的"舒适区"，你的热情和冲劲就会被日渐消磨掉。"舒适区"只是避风港，不是安乐窝。要想舒服，首先要让自己不舒服。在人生的道路上，要想获得长久的发展，就要让自己从这个"舒适区"中走出来，只有这样才有可能实现人生中新的目标。

2. 改变你的思维

不要被一些陈旧的思维所束缚，要改变自己的思维习惯，告诉自己正确的观念。然后摆脱习惯的牵引。每个人都会有一些不良习惯，比如在工作中偷懒、磨洋工。如果我们被这样的习惯所牵引，工作效率又怎么会提高？所以改掉坏习惯是当务之急。

3.不断学习，让自己保持竞争力

如果问这个世界上激励自己最好的方法是什么，答案就是学习。很多能力不是天生就有的，要想具备更多的能力，就要加强学习。因此，如果你想在企业负责更大的项目，管理更大的团队，创造更高的业绩，领取更高的薪水，你一定要学习更多的技能，学习是一切结果的前提。如果大多数人都能静下心来学习，那么会有更多人在不断地改变自己。因此，如果你不想被不断改变自己的人超越，就请跟他们一起，甚至比他们更努力地学习吧，这就是真正的竞争。

4.在追求目标的过程中，保持良好的自我感觉

人们通常认为，一旦实现了自己梦寐以求的目标，就会感到心情舒畅、信心十足、充满热情。但问题在于，很多时候，人们有可能付出了极大的努力无法达到目标。有的人因此会忧心忡忡，变得苦恼甚至焦虑。

因为一件还没有实现、不知道何时才能够实现的事情而烦恼，无异于是在剥夺自己享受快乐的权利。与其因为害怕无法实现目标而焦虑痛苦，不如保持良好的自我感觉，在追求目标的整个旅途里都充满快乐，而不是等到目标达成的那一刻才去享受属于自己的快乐。

5.为阶段性成果而庆祝

当实现阶段性成果的时候，你才意识到，目前为目标所做出的努力是有成效的，是可以继续下去的。当你真切地感受到阶段性成果为你带来的喜悦的时候，你就会感觉到，你离目标已经越来越近了。这种喜悦也会帮助你重新鼓足勇气，再次明确方向，向着下一个阶段性成果奋力冲刺，就如同在旅

Chapter 2　相信自己
在这个世界上　你是一种独特的存在

途中给自己加了一次油一样。

6.远离不支持你目标的"朋友"

对于那些不支持你的目标,甚至不断地给你泼冷水,使你的斗志衰减的"朋友",要敬而远之。要想了解一个人,就要看他的朋友。你的朋友会潜移默化地改变你的生活。与不求上进的人在一起,他们就会拉你一起沉沦。对生活和工作的热情是具有感染力的,与那些支持你的目标、希望你能够获得更大进步与成功的人为伍,在追求目标的道路上才会得到充分的鼓舞,你的信心和干劲才会始终保持充盈的状态。

7.把握好情绪

人在开心的时候,身体里会发生一些奇妙的变化,这些变化也会传到大脑里,使人们获得新的动力和力量。因此,不要总是想在自身之外寻开心。令你开心的事通常不在别处,就是在你身上。找出自身的情绪高涨期,也可以不断地激励自己。

8.适当调高目标,"跳一跳才能够着"的目标是最好的

很多人都会有这样一种体会:他们之所以无法实现自己孜孜以求的目标,不是因为他们的目标太高远了,而是因为他们的目标太小,而且太模糊不清,使自己在持续的追求过程中失去了动力。如果你的目标不能激发你的想象力,目标的实现就会遥遥无期。所以,不妨适当地调高自己的目标,那些"跳一跳才能够着"的目标,才能真正激励你奋发向上。

9.直面恐惧

恐惧经常会使我们对自己现在所做的事情产生怀疑,有一些人因此而做

了恐惧的俘虏，放弃了自己的目标。其实，直面你的恐惧，哪怕克服的是很小的恐惧，也会增强你对实现自己目标的信心。然而，如果你在面对恐惧的时候闭上眼睛，假装它是不存在的，那它就会像疯狗一样紧追着你，直到你向它投降。

10. 把困难当成前进动力

真正的运动员总是盼望比赛的。如果把困难当成是对自己的诅咒，就几乎不可能在生活中找到动力。但是如果你学会了把握困难带来的机遇，自然就会产生无穷的动力。

11. 敢于犯错

有时候我们之所以不做一件事，不是因为我们没有勇气，而是因为我们认为自己没有能力做好这件事。我们感到自己"状态不佳"或精力不足的时候，通常会把必须做的事放在一边，或者等待灵感降临的那一刻。这种做法是不可取的，如果有些事你知道需要做，尽管去做，不要怕犯错。给自己一点自嘲式的幽默，抱一种打趣的心态来对待自己做不好的事情，一旦做起来了，你很可能会发现自己其实乐在其中。

总之，自我激励是影响人生成功的最关键因素。无论在什么情况下，我们都能通过自我激励来保持信心和勇气，去创造更大的辉煌。

热忱是内心最大的潜流

热忱对于人生有着非凡的魔力，一个人如果具备了热忱的心态，就如刚加满油的汽车一般动力强劲。人们可以用热忱的心态来控制自己的思维和能力，推动信心和个人进取心迸发出巨大的活力。

热忱是一种不可估量的力量，它能与信心一起，把逆境、失败和挫折转变成为积极的行动。然而，要完成这一转变，关键在于人们是否具有控制思维的能力。如果不具备这种能力，思维就有可能从积极转变成消极，使满心的热忱失去意义。而具备这种能力的人，则能够把任何消极表现和经验转变成积极表现和经验。

热忱对你的潜意识有着极大的激励作用。当人们的意识中充满热忱时，其潜意识也会留下一个烙印，人们的强烈欲望以及为达到欲望所拟定的计划就会坚定不移地付诸实施。即使是在遭遇挫折的时候，人们潜意识里仍然留存着对成功的丰富想象，并会再次点燃残存在意识中的热忱火花。

失去热忱的人，就像失去发条的手表一样，从此只能停下脚步，无法向前。热忱是人取得成功、效率和能力的一项绝对必要的条件，任何人要想拥抱成功，都不能没有热忱。一个缺乏热忱的人是不可能赢得任何胜利的。为了使你对心中的目标产生热忱，你应该每天都把自己的思想集中在这个目标上，日复一日去关注它，为实现它而付出努力。长此以往，你就会对目标产生高度的热忱，愿意为它奉献自己的全部。

然而，任何事物都有利有弊，热情有积极的一面，也会产生消极的后果。如果你的热忱失了控，那很可能会使你过多地关注自己，从而忽视了别人的需求。如果你一直谈论自己，别人就会降低与你交流的意愿，不愿甚至拒绝给你帮助和建议。

当然，更不能把你的热忱用到错误的方向上，比如沉迷于赌博、游戏，你可以做一些更健康的娱乐活动，读书、钓鱼之类。

好的热忱能激发人奋勇向前的勇气和动力，不恰当的热忱则会延误事情的发展，那么，我们应该怎样正确地培养自己的热忱，引爆内心成功的潜能呢？我们可以采用"热情法则"。

第一，为自己定下一个明确的目标。

第二，找一张A4纸，在上面写下你的目标，列出达到目标的计划，以及为了达到目标你愿意做哪些付出。

第三，用强烈欲望为目标提供源源不断的精神支撑，使欲望变得狂热，让它成为你的脑海中最重要的一件事。

第四，立即执行你的计划。千万不要拖延，拖延会使你的计划变成一纸空文。

第五，正确而且坚定地照着计划去做。不要把计划扔到一边使其失去意义。

第六，在计划实施的过程中，你可以时不时地对你的计划进行调整和修改，使其更符合实际情况，不要等到失败的时候再来审视自己的计划。

Chapter 2　相信自己
在这个世界上　你是一种独特的存在

第七，与你求助的人结成团队。

第八，远离那些会使你失去愉悦心情以及对你采取反对态度的人，务必使自己保持乐观。

第九，不要在一天结束之后才发现一无所获。你应将热忱培养成一种习惯，而习惯需要不断地补给。

第十，抱着不惜一切、一定要达到既定目标的态度推销自己，自我暗示是培养热忱的强大力量。

第十一，随时保持积极的心态，在充满恐惧、嫉妒、贪婪、怀疑、报复、仇恨、无耐性和拖延的世界里是不可能有热忱产生的，它需要积极的思想和行动。

其实，我们之所以如此重视热忱的力量，就是因为它能够引爆你体内的巨大潜能，使你不断获得成长和进步。如果你能用热忱激发这种生命之火，你就能成就更好的自己。

放下对完美的执念

追求完美，是人类与生俱来的一种本能，正是在对完美的追求中，人类才能不断地完善自己，使自己获得持续的成长和进步。如果人只满足于现状，而失去了这种追求，恐怕人类现在还只能像大猩猩一样在森林里生活。

对事物总要求尽善尽美，尽自己所能把它做到天衣无缝的地步，这本是一件好事，然而有时会产生这样一种情景：如果一件事情没有做到令自己百分之百满意的程度，有些人就会如同芒刺在背，吃不好也睡不好，总觉得心里有个疙瘩，很不舒服。凡事都有个度，就像水到了100℃就会沸腾起来，低于0℃就会结冰一样，追求完美如果超过了一定的限度，这种行为本身就会成为一种不完美。无论何时何地，无论何事何物，都要适可而止，如果不达到想象中的彻底完美就誓不罢休，就是和自己较劲了。长此以往，心里就有可能系上解不开的疙瘩，而且这疙瘩会越来越大、越来越紧。

心理学家总结了完美主义者的性格特点，把他们分为三种类型：第一种

Chapter 2　相信自己
在这个世界上　你是一种独特的存在

类型是"要求自我"型,这种人追求完美的动力完全来源于自己;第二种类型是"要求他人"型,这种人会为别人设下一个很高的标准,希望别人按照这种标准来做事,不允许他人犯错误;第三种类型是"被人要求"型,这种人追求完美的动力来源于满足他人的愿望,总是感觉自己被期待着。

不管哪种性格的完美主义者,在生活中通常都非常关注细节,对事物要求很高,对结果的衡量标准也很高,喜欢怀疑他人,或者自我怀疑。这些过于重视细节的人,最终也很可能会毁在细节上。

完美虽然看上去诱惑无比,却是一个漂亮的陷阱。我们就是这样跌进完美自身所造成的误区里,只不过这种误区常常是以漂亮的面貌出现,以良好的状态开始作为引导,然后被日后的逞强、虚荣所代替,心理上渐渐地磨出了老茧,而自己浑然不觉。

难道不是这样吗?

恋爱的时候,我们总是"众里寻他千百度",挑了又挑,身高、长相、学历、家庭、财产……希望对方所有的一切尽善尽美,总幻想着有一个完美的罗密欧或朱丽叶出现在自己面前,但挑来挑去挑花了眼,最终在挑选和等待中耽误了自己。

结婚以后发现,完美恋人的形象顿时崩塌,于是我们又开始了新一轮的完美追求,希望对方不断地完善自己:赚更多的钱,家务活全包,对自己更体贴一些……结果,对方在无止境的要求中渐渐产生了厌烦感,婚姻生活越来越不幸福。

生了孩子,幻想着孩子具有超乎常人的天赋,希望子女出人头地,不能再像自己一样委屈了自己。于是,从小就让孩子学钢琴、学绘画、学外语……要上最好的小学、最好的中学、名牌大学,将来还要出国留学,哪怕自己省吃俭用,也要积攒下孩子所用的一切……妄图把自己年轻时未能实现的宏伟蓝图,加到孩子的身上。

但这一切可能完美无缺地出现在孩子的面前吗？失去的就一定能够补回来吗？将弦绷紧在自己和孩子的身上，会出现什么样的结局呢？万一不是理想的结局，心理承受得住吗？多少人就是这样不知道迂回，不知道变通，不知道及时、适时地调解自己的心态，心理一瞬间脆弱地垮掉的，一辈子在完美的误导下非常不完美地走到了终点。

在当今这个要处理的事情越来越多的时代，克服完美主义是非常必要的，你可以尝试以下的方法。

1. 敢于犯错

打败完美主义，需要对症下药。越是怕犯错误，越是要尝试着犯错，敢于犯错、勇于犯错。给自己写一个备忘录，时时提醒自己，如果你犯错了，对自己的生活、对这个世界其实并没有什么影响，并且指出错误的潜在好处。在以后的两星期里，每天早上读一读这份备忘录。敢于犯错，才能消除"不完美焦虑"，清醒地意识到，错误本身就是生活的一部分。

2. 面对恐惧

对完美主义的追求有一部分原因是无法克服自己的恐惧。如果你想改掉你的完美主义，就要直面内心的恐惧，问一问自己："我在害怕什么呢？如果这件事发生，最坏的情况又是什么呢？"然后写下你潜意识里的真实想法，把恐惧赶走。当你从一个恐惧者变成一个勇敢者的时候，你所体验到的这种愉快心情，就会成为你更自信地去生活的动力。

3. 敢于暴露自己的缺点

完美主义者通常不愿意接受的一个事实，那就是自己是一个有缺点的人。其实，"人无完人"这样的话，人们几乎每天都在重复，难道你还会相

Chapter 2　相信自己
在这个世界上　你是一种独特的存在

信这个世界上有完美无缺的人？勇敢地暴露自己的缺点吧，把你的感受与别人分享。听一听别人的建议，看一看怎么改进，如果他们因为你的不完美而拒绝你，就由他们去吧。如果他们对你所坚持的东西有疑问，问一问自己，他们是否考虑到你犯错误的可能。

这世上没有十全十美的事物，保持一颗平常心并知足常乐，才是完美的心境。

多看积极的一面

只要人活在这个世界上,各种问题、矛盾和困难就不可能避免,拥有积极心态的人能以乐观、进取的态度去积极应对,而被消极心态支配的人则悲观、颓废,他们在逃避问题和困难的同时逃避了人生的责任。

其实,任何一个人、任何一件事都有两面性,我们要善于发现积极的一面,也许它像金子一样埋在土里很深,但只要努力,就一定会被发现的。

那些快乐的人,很早就洞悉了其中的奥妙。他们看待自己和他人的时候,在解决问题和处理事情的时候,总会着眼于积极的一面,所以他们内心的快乐源泉永远不会枯竭。

如何才能做到时时发现积极的一面呢?

关于这个问题,美国著名励志专家拿破仑·希尔认为答案包括以下几点。

1. 言行举止像希望成为的人

很多人总是要等到自己有了积极的感受才去付诸行动,这些人在本末倒

Chapter 2　相信自己
在这个世界上　你是一种独特的存在

置。心态是紧跟行动的，如果一个人从一种消极的心态开始，等待着感觉把自己带向积极，那他就永远成不了他想成为的积极心态者。

2. 要心存必胜、积极的想法

谁想收获成功的人生，谁就要当个好农民。我们绝不能播下几粒积极乐观的种子，然后指望不劳而获，我们必须不断给这些种子浇水，给幼苗培土施肥。要是忽视这些，消极心态的野草就会丛生，夺去土壤的养分，最终让庄稼枯死。

3. 用美好的感觉、信心和目标去影响别人

随着你的行动与心态日渐积极，你就会慢慢获得一种美满人生的感觉，信心日增，人生中的目标感也越来越强烈。紧接着，别人会被你吸引，因为人们总是喜欢和积极乐观者在一起。

4. 使你遇到的每一个人都感到自己重要和被需要

每一个人都有一种欲望，即感受自己的重要性，以及别人对自己的需要与感激，这是普罗大众自我意识的核心。如果你能满足别人心中的这种欲望，他们就会对自己、也对你抱有积极的态度，形成一种"你好、我好、大家好"的氛围。

5. 心存感激

如果你常流泪，你就看不到星光，对人生、对大自然一切美好的东西，我们要心存感激，人生就会显得美好许多。

6. 学会称赞别人

在交往中，适当地赞美对方，会增加和谐、温暖和美好的感情，你存在的价值也会被肯定，这会使你拥有一种成就感。

7. 学会微笑

面对一个微笑的人，你会感到他自信、友好，同时这种自信和友好会感染你，你的自信和友好油然而生，使你和对方亲密起来。

8. 寻找最佳新观念

有些人认为，只有天才才会有好主意。事实上，要找到好主意，靠的是态度，而不全是能力。一个思想开放、有创造力的人，哪里有好主意，就往哪里去。

9. 放弃鸡毛蒜皮的小事

有积极心态的人不会把时间和精力花在小事上，因为小事会使他们偏离主要目标和重要事项。

10. 培养奉献精神

曾任通用面粉公司董事长的哈里·布利斯这样忠告旗下的推销员："谁尽力帮助其他人活得更愉快、更潇洒，谁就达到了推销术的最高境界。"

11. 自信能做好想做的事

永远也不要消极地认定什么事情是不可能的，首先你要认为你能，再去尝试，不断地尝试，最后你就会发现你确实能。

Chapter 2　相信自己
在这个世界上　你是一种独特的存在

12. 原谅别人，就是原谅自己

宽容是一种美德，它如同诚实、乐观、勤劳等价值指标，是衡量一个人的修养、道德的一把尺子。宽容别人，是对犯错误的人的救赎，也会使自己的心灵得到升华。

不要总是想着对方如何得罪了你，给你带来了多少的损失。多想想对方是不是值得发火，是故意的还是无心的，平日对你怎么样。给对方一个机会，其实也是在给自己机会。对于一些人，原谅远比惩罚更有效。

13. 有些事实既然不能改变，就接受它

有时候，一些事情是人们凭借着一己之力无法改变的。既然如此，不如尝试去接受，去面对现实。一个人不可能改变整个世界，客观事物也不会因我们而改变。我们所能做的，就是适应这个世界。

所谓"物竞天择，适者生存"，想让自己开心，首先就要让自己不那么极端，从"牛角尖"里跳出来。

14. 学会享受平淡的生活

不要总是幻想生活中会发生什么新奇的事情，这不是童话世界。这个世界是美好的，也是现实而残酷的，更是平淡的。柴米油盐酱醋茶，才是生活的主旋律。有时越平凡的事，越能带给人震撼。

15. 如果想要改变别人，先试着去改变自己

不要总是认为江山易改，本性难移。有时候，只要有信心，即使是非常固执的人，也有可能在潜移默化中得到改变，或许是为了友情，或许是为了爱情，又或许是为了亲情。要用发展的眼光看待他人，尤其是对于相爱的

人。或许你无法容忍对方身上存在的一些毛病,但如果你仍然爱着对方,就应该给他们机会去改变。

严格要求对方的同时,应该提高对自己的要求,切忌双重标准。

别错过每个让自己闪耀的机会

很多人总是习惯把自己淹没在人群中，或者躲在不易被人察觉的角落里，似乎没有人关注才是最安全的状态。其实，安于默默无闻，也是一种缺乏自信的表现。勇敢地站出来吧！让自己闪耀夺目，你的人生才会绽放出别样的光彩。一个充满自信的人，应该把自己装扮得比那些乏味和胆小的人看上去更加大气、更加光彩照人，像磁铁一样吸引人们的注意。

有句俗话叫"酒香不怕巷子深"，不知误了多少人。这句话本身就是荒谬的，要有多么浓郁的芳香才能从深巷里传入人们的鼻端呢？又有多少人能够静下心来寻找这芳香的源头呢？只怕最终也不过落得个"长在深巷无人识"。

许多自认为优秀的人，往往无法摆脱"清高"的束缚，放不下自己心中的架子，以为只要自己是金子，总有一天能够发光，却不知道，在如今这个"发光要趁早"的年代，如果你不主动站出来展示自己，是没有多少人会去发掘你的。把自己的能力、素质、特长适时地展示给别人，是相当重要的。

中华民族是一个谦逊的民族，不擅长表现自己，这是很多中国人的共同特点。我们总是满怀希望地等待，等着伯乐发现我们、提拔我们。只可惜千里马常有，而伯乐不常有。并不是所有领导、上司都独具慧眼，将机会拱手送上。在你做白日梦的时候，别的千里马甚至是九百里马、八百里马，他们早就迎风疾驰，令众人瞩目，获得了展示自己的舞台。

所有美好的东西都是要靠自己来争取的，机会不会主动跑到你面前来，就算馅饼从天而降，也要你主动去捡，而且你必须要抢先别人一步。金子如果被埋在土里，就永远不会闪光。如果想要闪光就只有两种可能：一种是被矿工侥幸挖到，而这种可能实在是太渺茫了；另外一种是通过自己的力量破土而出，如果你努力，如果你是真金，你就一定能够实现这种可能。

懂得展示自己的人可以分为以下几种。

第一种人，懂得展示自己的真谛，在展示自己的时候会保持本色，绝不矫揉造作。因为他们知道，内在的气质是最宝贵的。一个成熟的人，不会因为场合或对象的变化而放弃自己的内在特质，盲目迎合别人。如果展示的方法不恰当，被别人误以为做作，那就适得其反了。这种人通常拥有美好的内在，具有鲜明的个性，对自己的"真我"很有信心，并且崇尚坦诚。

第二种人，知道如何巧妙地展示自己，他们最厌恶的是不懂装懂，他们以诚实地接人待物为原则。他们知道，不懂装懂的人不但不能展示自己，而且很可能会自曝其短。尤其是在长辈、知识渊博的人面前，如果不自量力地班门弄斧，最终反而会贻笑大方。他们对自己有足够的了解，对自己不懂的东西或学问，哪怕是在同辈甚至晚辈面前，也会真诚地请教。对他们来说，谦虚好学，看清自我，是做人的一个非常重要的方面。

第三种人，能够熟练地展示自我，但不会刻意地掩饰自己的缺陷。他们懂得，真诚是沟通的基本条件。他们的真诚最直接的表现就是外在形象，对他们来说，适当的掩饰是可行的，但过分的掩饰不可取。身材矮小的男士，

Chapter 2 相信自己
在这个世界上 你是一种独特的存在

如果为了掩饰自己的缺点而穿上超出常规的增高鞋，会让人觉得更加滑稽；皮肤黝黑的女士，如果涂上一层厚厚的白粉来美化自己，就容易让人产生粗俗不堪的印象。自信是他们最宝贵的品质，对他们来说，外貌并不是最重要的，能力才是值得骄傲的资本。

第四种人，能够灵活地展示自己，他们总是会鼓励自己，时时处处对自己说：不要否认自己的过错。有些人明明知道自己犯了错，却不愿意承认，一直硬着头皮死不认账，甚至会毫无理由地为自己争辩，导致矛盾得不到解决，彼此的隔阂不能消除，相互之间的交往是谈不上了，还让人觉得此人蛮不讲理，像个无赖。会展示自己的人，他们总是能够勇敢地承认自己的错误，并且知错就改，用挽救错误的行动为自己加分。人非圣贤，孰能无过？他们是敢于面对自我的人。

要想巧妙地展示自己，也有一些小技巧。

第一，不时时闪光，但总有与众不同的才能示人，让人了解到你的价值。

第二，找到合适的时机就看似不经意地露一手，加深别人对你的印象。

第三，发掘自己身上的特点，善于扬长避短。

第四，学着换位思考，站在对方的立场上去了解他的需求，从而以更好、更容易令人接受的方式来展示自己，获得对方的认可和赞同。

多给自己一些赞美

每个人都希望得到赞美，尤其是当你身处逆境的时候，偶尔获得的赞美能够使你变得自信。然而，尼采说："每个人距自己是最远的。"这句话的意思是说，人类最不了解的是自己，最容易疏忽的也是自己。所以，人们总是寄希望于别人的夸奖和认可，却忽视对自己的赞美与肯定。

有人说，演员是一个需要更多赞美的职业，如果很长时间都得不到喝彩和掌声，他们就应自己赞美自己，只有这样，才能使自己始终保持舞台激情。员工需要获得老板的肯定，学生希望得到老师的表扬，孩子需要父母的鼓励，都是同样的道理。人们的心灵既敏感又脆弱，需要不断地获得激励与抚慰，如果能够时时对自己进行激励和表扬，心灵就会快乐无比，时常存有自信的感觉。

一个人只有时刻保持自信和快乐的感觉，才会使自己在不顺心的生活中更加热爱生命、热爱生活。只有快乐、愉悦的心情，才能催动人的创造力和人生动力。只有不断给自己创造快乐，才能远离痛苦与烦恼，拥有快乐

Chapter 2 相信自己
在这个世界上 你是一种独特的存在

的人生。

渴望得到别人的赞美，毕竟不如自己赞美自己来得容易。既然我们需要赞美，既然赞美可以让我们更上一层楼，促使我们奋进，我们为什么不时常赞美自己几句呢？赞美自己，为自己喝彩，为自己叫好，为自己鼓掌加油，让自己随时随地都能得到鼓励，这样，你就能时时拥有愉悦的心情。

对自我的赞美，就像是一颗在自己的灵魂中扎根、发芽的种子，最后一定会在人生中绽放出美丽的花朵，结出无数丰硕的果实。

自我赞美，会成为创造奇迹的一种不竭动力。当年拿破仑在奥斯特里茨战役中，不得不与强敌进行以少对多的生死决战，在临上战场之前，拿破仑对即将投入战斗的将士们进行战前动员：我的兄弟们，请你们一定要记住，我们是法兰西战士，是世界上最优秀的战士，是谁都无法战胜的英雄！当你们冲向敌人的时候，我希望你们能高喊"我是最优秀的战士，我是不可战胜的英雄"！结果在战斗中，法军将士果然遵从了拿破仑的建议，高喊着"我是最优秀的战士，我是不可战胜的英雄"的口号冲锋，最终他们以一当十，以摧枯拉朽之势打败了奥地利、沙俄等国的联军。

赞美自己，你能从中获得一种不可战胜的力量，在人生的道路上勇往直前；赞美自己，你就能用自信的阳光融化心中的胆怯和懦弱；赞美自己，你就能唤醒生命里一直沉睡着的智慧和勇气，推动自己的事业不断蓬勃发展；赞美自己，你的灵魂从此以后将再也不会迷失在绝望的黑暗里，因为你有了一盏不灭的灯塔。

人生的态度决定一切，当你不断赞美自己的时候，你就已经主宰了自己的命运。生活总难免会遇到各种各样的麻烦，不要无奈，不要忧郁，因为路还在、梦还在，学会赞美自己，人生自有独特的辉煌。

Chapter 3
修炼自己
人生就是一次不断自我完善的修行

推迟满足感

美国心理学家曾做过一个经典的"延迟满足效应"实验,在美国得克萨斯州的一个小学的校园里,其中一个班的八名学生,被老师带到了一间很大的空房里。

随后,一个陌生的中年男子走了进来。他一脸和蔼地来到孩子们中间,给每个人都发了一粒包装十分精美的糖果,并告诉他们:这糖果属于你,你可以随时吃掉,但如果谁能坚持等我回来以后再吃,那就会得到两粒同样的糖果作为奖励。说完,他和老师一起转身离开了这里。时间一分一秒地过去了。这颗糖果对孩子们的诱惑越来越大,几乎不可抗拒。有一个孩子剥掉了精美的糖纸,把糖放进嘴里并发出"啧啧"的声音。受他的影响,有几个孩子忍不住了,纷纷剥开了精美的糖纸。但仍有三分之一的孩子在千方百计地控制着自己,一直等到40分钟后那个陌生人回来。当然,那些付出等待的孩子得到了应有的奖励。

研究人员对这些孩子进行了长期跟踪观察,他们发现,那些以坚韧毅力获得两颗糖果的孩子,到了上中学的时候都会表现出比其他人更强的适应性、自信心及独立自主精神;而那些禁不住诱惑把糖吃掉的孩子则往往会在压力之下选择逃避。后来几十年的跟踪观察,证明那些有耐心等待吃两块糖果的孩子,事业上往往比一般人更容易获得成功。

面对眼前的诱惑,人们往往很难控制住自己,这种贪图享受的心理几乎每个人都有。然而,要想获得更大的成功,就必须努力抵制这种诱惑,否则只会因为眼前的小利而失去机会,自毁前程。

在这个物质丰富的年代里,越来越多的人在诱惑面前缴械投降,用奢侈品来炫耀自己,奢求通过某种包装向社会高级阶层靠拢。更有人把模仿他人和另类当成独特的个性。

虚荣浮华,纸醉金迷,光怪陆离,对诱惑的屈服直接导致的就是不同程度的堕落。诱惑能够考验人们的意志力,只要我们向它屈服了一次,抵制诱惑的能力就会变得越来越薄弱。所以我们要用强大的意志力勇敢地去抵制诱惑,并把这种果断和坚毅变成一种良好的习惯。

如何才能推迟满足感?有以下几种方法可以参考。

1. 结果比较法

让你的心沉静下来,投入时间来分析一下:如果我们把心思集中于学习和工作,抵制住外界的诱惑,我们会获得怎样的结果?如果我们把心思集中在旁门左道上,抵制不住外界的诱惑,我们会获得什么后果?

对这两个结果进行比较,看看你更希望得到的是哪个结果。每当自己将要失去自制力的时候,就拿近在眼前的小快乐和未来可能失去的大快乐相比,拿眼前逃避的小痛苦和将来终将面对的大痛苦相比,相信你就更容易做出理智的选择。久而久之,你就会像那些成功的人一样,能够在面对诱惑的时候聪明地思考,正确地取舍了。

2. 强者刺激法

每个人都有自己的榜样，你可以选几个你视为偶像或者认为已经很成功的人作为榜样，比如比尔·盖茨、松下幸之助、李嘉诚、李彦宏、马云、李政道，了解一下他们是如何经营自己的，是如何开创一番伟大事业的。然后选几个你熟悉的、与你属于同一集体或同一行业的、已经取得令同类人羡慕的骄人成绩的"准成功者"，观察一下他们是如何工作、如何努力的。

这样，你就可以得到两类人的行为样本，第一类是已经成功的——你希望成为的人；第二类是比较强的同类——你要与之竞争的人。把他们的行为列出来，能帮助你判断自己应该做什么。你可以把这些结果统计出来，写在纸上，挂在墙上，每天去看去提醒自己，刺激自己做正确的事。

长此以往，在享乐或准备放纵自己去享乐的时候，你就会想到那些人正在努力，你就可以自觉取舍了。

3. 行为惯性法

当一个人持续做正确的事情时，心智会受到潜移默化的影响。比如，如果我们经常做一些需要用到自制力的事，我们的自制力就会自然而然地随之得到提高。这种表现像是行为的一种惯性，物理原理同样可以用到自制力的培养上。

4. 充分预测困难，做好准备

准备好迎接困难与挑战，是准备中的一个非常重要的部分。成功既包括人生的成功，也包括成功地做成一件不平凡的事情。不管是哪一种成功，都需要一些不可或缺的品质，比如专注、勇敢、拼搏。然而，在朝着这个目标去努力的过程中，必然会有各种各样的困难接踵而至。这些困难既包括外力的阻挠，也包括外界的诱惑，要想克服它们并不是一件容易的事。如果你在做事之前没有做好充分准备，这样的突袭会很容易使你的意志溃不成军。

因此，在做每件事之前，我们要充分预测未来有可能会遇到的各种阻碍和诱惑，并为之做好准备，提前想到应对这些困难的办法。

5. 全局思考

当我们懈怠的时候，或者想去做一些不必要的事情寻求快乐的时候，为了让自己能够心安理得地享受这种快乐，我们往往会给自己找一些借口。这时，我们应该做的就是马上制止自己找借口的行为，然后从全局来考虑：我们是不是应该去追求远大的目标，为获得长久的快乐而忍耐、努力？

立足于全局来思考，你就会发现，眼前的这个诱惑实在是微不足道的，不足以让你放松自己。

让浮躁的心回归平静

在生活中，人们常会有这样的苦恼：为什么我们常常心不在焉？为什么我们常常彻夜无眠？为什么我们常常没有耐心做完一件事？为什么我们常常计较自己的得失？为什么我们常常感到身心疲惫？为什么我们对成功有着如此热切的渴望？……也许你会问：我们到底是怎么了？原因很简单——我们太浮躁了。

浮躁的心理往往会引领人们走向不幸的深渊，如果浮躁占据了你的心灵，那成功、幸福和快乐都会离你而去。在短暂的人生之旅中，浮躁是我们最大的敌人。

浮躁的表现是多种多样的：心烦意乱、焦躁不安、朝三暮四、浅尝辄止、自寻烦恼、喜怒无常、爱发牢骚、抱怨别人、患得患失、斤斤计较；东一榔头西一棒槌，既要鱼也要熊掌；吃着碗里的，看着锅里的，贪心不足；静不下心来，耐不住寂寞，轻言放弃，不肯坚持；任何事情都大动干戈。好事来了，往往会兴奋得难以自制，甚至得意忘形；但如果有坏事光临，就会立刻如堕痛苦的万丈深渊,痛不欲生,仿佛世界末日来临一样。比如看书时,书虽然就摆在面前,但怎么也看不进去。即使强迫自己看下去,意识也只是在字面上一掠而过,对书的内容没往心里去,也就是说,只是具备了看书的姿态和形式,实际效果其实等于零。

是什么使我们明明制订好了学习或工作计划,却一再搁置,始终无法实现?

是什么使我们曾经拥有的远大理想逐渐远去,最终化为泡影?

是什么使我们的生活如同一团乱麻杂乱无章?

答案是意识和行为不能自制。

那么,是什么造成意识和行为不能自制的?

答案正是浮躁。人们被浮躁控制的表现虽然是不同的,但直接后果只有一个,那就是一事无成。从更深层次去看,浮躁已经悄无声息地、不知不觉而又实实在在地支配着我们的行动,渗透进交友、恋爱、婚姻、工作、事业等各个方面。

其实,工作也好,生活也罢,都来不得半点浮躁。一个人浮躁,造成的结果是个人受损,人生价值无法实现。一个企业浮躁,造成的结果是业绩滑坡,甚至是破产。最终后果都是人们所不愿看到的。只有静下心来踏踏实实做事,才不会被浮躁左右。针对浮躁而言,"平平淡淡才是真"不失为一句金玉良言。其实,能够影响我们的不是事物本身,而是我们对待事物的态度。我们对待事物的正确态度应该是:平和沉静,脚踏实地;不以物喜,不以己悲。

要想克服浮躁心理,首先就得明白浮躁从何而来。

1.浮躁心理的社会根源是外界环境的变化

我们所处的社会,正在经历着急剧变化和转型,在这样的大变局中,每

Chapter 3　修炼自己
人生就是一次不断自我完善的修行

个人的地位都可能会发生巨大的改变，今天的亿万富翁可能明天就会变得一贫如洗，今天的穷小子明天或许会成为众人瞩目的企业家，每个人都有可能在变化中得到或失去一切，人们的心态自然也会深受影响，有一些心理素质较差的人就会变得浮躁起来，患得患失，好高骛远，不满足自己现有的状况，幻想自己能够一夜暴富或者一夜成名，给自己压力去追寻不切实际的目标，久而久之，浮躁就会主宰他们的心灵。

与此同时，各种不良的社会风气也会对人们造成不良的影响，如拜金主义、享乐主义等。这在客观上会加剧人们的浮躁心理。浮躁心理的社会根源就在于此。

2. 个人内在的因素才是深层原因

社会环境的变化虽然会给人们带来负面影响，但终究是外因，真正引起浮躁心理的还是人心的不满足。同样经受着外界变化的各种冲击，但是有些内心淡定从容的人依然能够保持恬静的心态，大隐隐于市；而有些心灵空虚、没有定力的人却会失去自己的心灵根基，变得不安于现状。因此，内因才是引起浮躁心理的根本因素。攀比心理，金钱至上，一夜暴富的思想都在左右着人们焦躁的心灵。

要克服浮躁心理，可以从以下几点做起。

1. 理想必须建立在踏踏实实的行动之上

有些人虽然给自己制定了一个或几个理想和目标，但是他们每天都沉浸在"当这些目标达成后自己会多么受人尊敬"的幻想之中，从来没有想到要付出什么样的努力和行动才能达到这些目标，从来都不肯迈出第一步或在前进的过程中经常半途而废。这样的人，是永远难成大事的。

理想必须建立在踏踏实实的行动之上，静下心来，脚踏实地，一步一个脚印，奔向自己的目标，才是淡定的人应该做的。

2. 不要高估自己，也不要贬低自己

有些人不能客观地认识自己，经常会把自己的能力看得过高，觉得自己不能成功是时运的问题，不安于现有的工作和生活，朝秦暮楚，结果事事无成。有些人则低估了自己的能力，在面对机会的时候常常觉得自己能力不够，觉得自己难以面对外界的挑战和机遇，于是在犹豫中将机会白白放走。这些做法都是不可取的。

所谓人贵有自知之明，准确地定位自己，清醒地了解自己的优势和劣势，扬长避短才是成功克服浮躁心理的必备条件。认识自己的同时，要有务实开拓的精神，天上不会掉馅饼，只有自己动手做才能品尝到成功的喜悦。

3. 不要盲目攀比

从某种程度上讲，攀比有一定的积极意义，比如，它能使人认清自己的不足，从而能够激发人的斗志，为更加美好的明天而奋斗。然而，更多的时候，攀比是为了炫耀自己的财富和荣耀，满足自己的虚荣心。为了攀比，人们甚至不惜斗富，浪费资源，甚至不择手段攫取金钱。如果自己比不过人家，心里就不平衡，焦躁不安，觉得自己失了面子。

因此，千万不要为了攀比而攀比，人活着不是为别人而活，跟别人攀比不但不能让你达到别人的高度，反而还会失去适合自己的东西。

4. 养成平淡、坦然的生活态度

安于平淡的生活，并不意味着不思进取。平淡指的是人们能够平静地看待自己的荣耀和失败，在任何变故面前都保持一颗淡定的心。在这种心境中坚持自己的原则，遇到问题冷静分析，不因外界的变化而动摇，踏踏实实努

Chapter 3　修炼自己
人生就是一次不断自我完善的修行

力达到自己人生的巅峰。如果拥有这样的生活态度,浮躁怎么会困扰你的心灵呢?

　　浮躁是人生最大的敌人,无论你要获取幸福快乐还是要获取成功,你都必须努力克服心灵深处的浮躁,让自己保持淡定、坦然的心态。

换个角度，把心换个方向

当人们习惯了固有的看问题的角度，习惯了做事情的方法，习惯了自己所处的位置，习惯了对幸福的错觉，习惯了对快乐的奢求，习惯了把自己也变成习惯的一部分，生活就变成了两根铁轨，虽在不断向前延伸，却没有变化，而且很容易在单调、枯燥的简单重复中碌碌无为。其实，换个角度，痛苦和烦恼只不过是命运送给人们还没有打开包装的礼物而已。

当人们一味地感慨生活太累、太无聊的时候，应该停下脚步来检查一下自己的心情，看看那些令自己感到苦恼的事情有哪些是需要打起十二分精神全力面对的困难，有哪些是被人为夸大了、实际上没什么大不了的烦恼，有哪些纯粹是庸人自扰，有哪些是无关紧要的焦虑，有哪些是为赋新词强说的愁，还有哪些是看起来很麻烦、换个角度却可以让人高兴起来的"坏"事……

一片落叶，你或许看到的是被秋风无情地吹落到地上，然后"零落成泥碾作尘"的悲惨命运，但是如果换一个角度，你又会发现，它虽然与大地融

Chapter 3 　修炼自己
人生就是一次不断自我完善的修行

为一体，却能"化作春泥更护花"，造福他人。同样一缕暗香，鸟儿或许毫不在意，但蝴蝶会为之迷醉、狂舞；同样是一棵枯树，悲观者看到了生命的陨落，而乐观的人却能看到新生……从不同的角度看生活，得到的感受也就截然不同。

从俯视的角度来看生活，你的心中会充满骄傲，因为你看到的是别人的头顶、别人的渺小。你藐视了别人，放大了自己，最终没有人愿意与你同行，你只能把自己放逐到没有爱、没有温暖的阴暗角落里。最不幸的是，那些困难、挫折、烦恼，你却不曾藐视，反而让它们因你的自大而肆无忌惮、肆虐成性。

从仰视的角度来看生活，你是渺小的，而别人都被放大了；你将自己置身于困窘之中，苦恼却被放大了。你的自我渺小，在无形之中将不幸放大了许多倍，你深陷感觉的泥淖中自我痛苦着，紧闭的双眼看不到一丝阳光。

从正视的态度来看生活，你虽然会看到生活中的一些不尽如人意之处，会看到世态炎凉，但也会看到世间的美好，也会看到自己的幸福快乐。正视的角度还能让你用正常的、没有任何偏见的心态来看待是是非非、前因后果，看待眼前的不幸和就在不远处的幸福。你的心态是平和的，你的未来是美好的。

当命运交给你一个苦涩的柠檬，你应该试着把它做成一杯甘甜的柠檬水。换个角度，不但化解了烦恼，赶走了不幸，还能有所收获。表面看是失去了，其实是加倍得到了。就像一个人被一个可怕的噩梦惊醒，搞得一整天都心情烦闷。这固然非常可恶，但做美梦的人就一定会非常快乐吗？未必，那些做美梦的人，往往会觉得，与虚假的美梦相比，自己的现状如同一场更真实的噩梦。因此，如果虚假的噩梦能让你关注到自己原来忽略的那些珍贵的拥有，又何尝不是一种幸福呢？

换个角度，就是把你的心换一个方向，换一种心态，换一种生活。

自控，以理性平衡情绪

　　控制自我是一个人所应该具有的一种非常重要的能力，也是一种难能可贵的艺术。一个不懂得控制自我的人，只会无能地放任自己情绪的发展，把自己变成一头失去控制的野兽，最终既会伤害到自己，也会伤害到别人。

　　控制自我不是抑制情绪的宣泄，也不是不发脾气，而是不要凡事都情绪化，任由情绪发展，要对其进行适度控制，这是一种能力的体现。

　　自我控制能够使一个人变得更加强大。一个人之所以能够做到自我控制，秘密在于他的思想。人们在头脑中贮存的东西，常会渐渐地渗透到生活中去。如果我们是自己思想的主人，能够驾驭自己的思想，就能做到轻易地控制自己的思维、情绪和心态。

　　人们应该接受理性的指引，用理性来控制、平衡自己的情绪，先"谋定而后动"，然后才能引导所有积蓄的力量流入成功的海洋。相反，如果一个人缺乏自我控制的能力，总是让自己的情绪如同脱缰的野马，在激动时口无遮拦、行无规矩，做事随心所欲、没有规划，那么他们所有的努力都会失去

Chapter 3　修炼自己
人生就是一次不断自我完善的修行

意义，达不到既定的目标，最终也无法抵达成功的彼岸。

我们要学会控制自我的方法。

1. 学会换个角度看问题

在生活中，导致人们情绪失控的原因有很多，其中最常见的就是认为生活不如意，大事小事都与自己理想中的景象相去甚远。

其实，这种情况下，你大可不必钻牛角尖，不妨换个角度来看问题，从多个角度去分析事物、看待事物，视野要开阔得多，或许你就会有意料不到的收获。一个固执己见的人，你可以把他看成是一个"意志坚定的人"；一个吝啬小气的人，你可以把他看成是一个"节俭的人"；一个城府很深的人，你可以把他看成是一个"能深谋远虑的人"。如此，你的生活就会少很多不快，多出很多希望与喜悦。

2. 做到能屈能伸

自我控制力强的人能够做到能屈能伸。屈，不是软弱，不是无能，而是坚韧、有弹性。能屈能伸的人往往拥有更大的韧性。学会弯曲是打开成功之门的一把钥匙。人生之路，成功之门往往会在一番努力之后展现在你的面前，然而有些人因为成功之门没有他们想象中的那样雄伟、那么有气势，而对其不屑一顾。其实门内的风景有着无限的风光，放弃你的傲气和执拗，稍微弯下身来，人生就会有另一番风景。

3. 移情

我们经常会看到在交通拥堵的十字路口红绿灯失控时的混乱情景：整个路面变成了一片车山车海，不耐烦的司机不停地鸣笛，喇叭声充斥于耳。这个时候，交警的重要性就能充分地体现出来，他们有条不紊地指挥着车辆，该停的停,该转的转。如果没有交警的管理疏导,交通拥堵不知道会拖延到什么时候,造成什么后果。人的情绪有时就如杂乱的交通一样让人头疼,这时你就要成为自己的心灵交警,对这些情绪进行引导,实现合理的情绪转向。下次你感到难过的时候,不要抗拒它,试着放轻松。看看除了恐慌,你是否能够保持优雅与镇定。不要与自己的负面情绪进行对抗,只要学会转移自己的注意力,它们很快就会消弭于无形。

  但要注意的是,自控力最大的误区,就是人们用它去做自己不想做的事。实际上,我们运用意志力的唯一理由,应该是它能帮助我们得到自己真正想要的东西。这可以是维持一段重要的关系,而不伤害另一个人的感情;可以是改善身体状况,使自己更加健康;也可以是达到事业的顶峰,以便你为社会做出贡献。所有这些事都是很难的,但它们会让你的生活更有意义。当你用这种方式重新定义意志力的时候,你就能轻而易举地找到能量和动力了。

别让压力压垮你

运动员为了加强自己腰部以及下肢的力量，通常需要在教练的指导下进行一种"压杠铃"的负重练习。通过"压杠铃"练习，身体的力量会得到迅速增强，奔跑和跳跃的能力也会随之得到提高。在这种训练中，最重要的一点是，杠铃的重量一定要合适，轻了效果甚微，重了运动员有可能会因为承受不住而肌肉损伤。

运动训练是如此，人生又何尝不是如此，人生在世，每个人都需要背负一定的压力，人类从生到死几乎都要与压力相伴。从胚胎在母体里孕育一直到出生，都要承受来自母体心脏和子宫的压力。生活在现今这个快节奏的社会，谁又能彻底摆脱压力呢？

压力是什么？简单而言，压力是一种感觉，而且是一种非常主观的感觉，大多数压力是自己制造的。对于同一事物或环境，不同的人往往会有不同的感觉。当感觉到压力的时候，生理和心理会产生连锁反应，如不能对这些反应进行控制，就会引起各种疾病，包括头痛、背痛、神经过敏、急躁不安等问题，甚至精神失常。

压力是无形的，你可能看不到它，但是一定能感受到它的存在。压力不可能凭空消失，往往会越来越大，越来越多，直到你不能承受，你就会陷入崩溃的状态。所以我们必须了解和认识压力，掌控它，而不要被它控制。

一般说来，如果你出现以下情况，就需要注意了。

第一，不断地感到疲倦，也睡不好。

第二，注意力不集中，记忆力减退。

第三，自省时间增加，漠视家庭和朋友的关系。

第四，一再重复同样的行为。

第五，易怒，缺乏耐心，而且很难去接纳别人的建议，即使知道这样的状态有问题。

压力会改变一个人，至于这种改变是什么样的，就要看你对待压力的态度：如果你视压力为洪水猛兽，一感受到压力就头痛欲裂、恨不得躲起来，长此以往，你就会变成一个畏畏缩缩的人。如果当压力来临的时候，你依然泰山压顶不弯腰，挺直脊梁，任凭风吹浪打，我自岿然不动，那么，你会变得越来越淡定，承压能力越来越强。正确地看待压力、利用压力，一个人才能活出自己独特的风采。

要有效缓解压力，有以下几个途径。

1.目标要适度，不要过高

自己对自己应该有一个全面的认识，要根据自己的身体、性格、能力和环境等具体条件来为自己设计一个合理、合适的人生目标。目标一定要切实可行，千万不要过高，如果一直无法实现，并且看不到实现的可能，压力就会源源不断，甚至汹涌而至。

Chapter 3　修炼自己
人生就是一次不断自我完善的修行

2.考虑自己的生理和心理承受能力

在做任何事情的时候，都要充分了解自己的精力和体力情况。不仅需要切实地考虑到自己的生理承受能力，也要对自己的心理承受能力有正确的、客观的评估。如果有些事情超出了你的能力范围，就一定要及时拒绝，量力而行。

3.关注自己的内心，别总跟别人比较

感觉"压力山大"的一个非常重要的原因是，有些人每天都在强求自己去实现某种美好的憧憬。他们总是喜欢与别人进行攀比，每天都在放任自己的欲望，把别人的行为结果当作是自己的追求目标，在这种贪婪心理的驱使下，心理压力越来越大，总感觉生活非常疲惫。要多关注自己的内心，不要总是去跟别人比。别人可以作为一个参照物，但不能作为评判自己的标准。

4.疲劳时及时休息，才能对生活保持充足的热情

很多人在疲劳之极的时候，还想着要去努力、去拼搏，但抬头一看，目标依然是那么遥远，而身体却是那么疲累，此时压力会陡然而生。其实，疲劳的时候不要强求自己，适当给自己一些休息时间，等到恢复能量之后再去奋斗，会事半功倍。休息并不是简单的睡觉或放纵自己，它应该是一种对精神和肌体的有效调节。例如，疲劳的时候，到户外尽情地活动一番，和朋友聊聊天，星期天去游乐园、看场电影，使自己彻底放松。平时的生活要有规律，合理安排时间，做到有张有弛，劳逸结合，不可凭自己的兴趣和热情甚至一时冲动来对待学习和生活。

当遇到困难与挫折时，要保持宽容、大度以及自我宽慰的心态，尽快走出困境，这样就能达到心理平衡、心情舒畅、消除疲劳。

抱怨生活不如改变生活

如果要评选这个世界上最没有价值的东西，那"抱怨"一定名列前茅。的确，抱怨不但无法展现出正面意义，而且会给我们的生活带来灾难，让我们陷入困境中无法自拔，让我们的生活变得越来越糟。

抱怨与不抱怨的人，思维是完全不同的。

早上起床的时候，发现自己不小心起晚了，马上就要迟到了，抱怨的人会想"唉！真倒霉，又要扣工资了"，不抱怨的人会想"看来我真是太疲倦了，竟然连闹钟的声音都没听到，我应该找个时间好好休息一下了"。

走路的时候，不小心与别人撞了一下，抱怨的人会想"怎么走路的啊，没长眼睛啊"，而不抱怨的人却会想"他可能是在想什么事情，肯定不是故意的，下次我应该多加小心"。

到了公司，有个同事与自己擦肩而过却没打招呼，抱怨的人会想"这个人是不是对我有意见？如果我是老板，他肯定会赶着拍马溜须。哼，以后我也不搭理他了"，不抱怨的人会想"他肯定是没看到我，其实我应该主动跟

Chapter 3　修炼自己
人生就是一次不断自我完善的修行

他打招呼的"。

工作上辛辛苦苦地完成一个任务，自认为无可挑剔，谁知道交上去了以后才发现还有个小错误，抱怨的人会想"刚才我的脑子在想什么呢？这下可好，努力全都白费了"，不抱怨的人会想"我这么小心还是难免会出现疏漏，下次一定要吸取教训，不能再犯同样的错误了"。

喝口水呛着了，抱怨的人会想"人倒霉的时候真是喝口凉水都会塞牙"，不抱怨的人会想"我现在有点急躁了，要沉稳一点"。

吃饭吃到一粒沙子，抱怨的人会想"谁淘的米，这么笨，沙子都不去掉"，不抱怨的人会想"做饭很麻烦，有沙子也可以谅解，怪我不小心没看到"。

下班了，领导让大家留一留，晚上要开会，抱怨的人会想"又开会，怎么不在工作时间开啊？我与女朋友的约会怎么办"，不抱怨的人会想"好吧，那就再坚持一会儿吧"。

晚上回到家，累得不行，抱怨的人会想"生活真是太累了，活着真没劲"，不抱怨的人会想"又过一天了，今天还是有不少收获的，现在马上好好休息，明天还要好好工作"。

为什么在爱抱怨的人眼里，生活总是充满了劳累、疲惫与霉运？因为他们的目光全都投在自己的付出上，却对自己所得到的一切熟视无睹。他们总认为生活亏欠了他们，世界对他们不公，因此在抱怨中走向了恶性循环，越抱怨越痛苦，越痛苦越抱怨。

如果你是一个满脑子不满、愤懑的人，那即使你站在阳光之中，也只会看到微不足道的阴影。在别人看来不值一提的小事，也会成为你抱怨的对象，让你愤愤不平。抱怨控制了你的整个生活，把你困在了负面情绪的牢笼之中，让你无法解脱。其实，仔细想一想，抱怨真的能解决问题吗？答案是否定的。抱怨不但于事无补，大多数时候，还会把事情推向更糟糕的境地。

我们真的应该抱怨生活吗？不，生活对每个人都是公平的，它曾经让我们拥有很多美好与快乐，我们曾经欢快地感谢生活的恩赐。然而，当生活换了一副面孔，变得不再轻松甚至不再友善的时候，抱怨就会占据我们的内心。要知道，生活并不像糖果，它并不总是甜蜜的，会呈现出酸、苦、辣、咸等众多令人难以接受的味道。我们不但要品尝它的甘甜，还要去品尝它的苦楚。

唯有这样，生命才是一个完整的过程，我们的意志也才能磨砺得更加坚强，我们的思想才能更加成熟。谁的一生也不可能只有甜，既然辛酸与苦辣是无法拒绝的，不如安下心来享受它。

停止抱怨吧！成功的关键不在于我们拿到了一副什么样的牌，而在于怎么打好你手中的牌。如果你能够拥有积极的心态，也愿意不懈地努力，那么即使你手中连一张好牌也没有，也能凭借自己的力量打赢人生这场仗。即使生活给你的是垃圾，你同样能把垃圾踩在脚底下，登上世界之巅。

在这个世界上，任何一种生活都不是完美无缺的，也没有任何一种生活会让一个人百分之百满意，我们做不到从来都不抱怨，但至少应该努力做到让自己少一些抱怨，多一些积极的心态去努力进取。因为如果抱怨成了一个人的习惯，就像是搬起石头砸自己的脚，于他人无益，于己不利，生活也会变成牢笼一般，处处不顺，处处不满。拥有不抱怨心态的人才会明白，自由地生活，其实本身就是最大的幸福，哪会有那么多的抱怨呢？

及时排解负面情绪

心理学上有一种观点：一切形态的不快乐与心态不良，都起源于情绪得不到表达。这种观点主张，只要感受到情绪就要表达出来，完全抒发，不要作任何迟疑和保留。只有这样，人才会变得心平气和，不受任何"包袱"拖累。一味压制其实是让负面能量不断积累，当负面能量积聚过多，必将以某种更为激烈的方式爆发出来，从而导致可怕的后果。

对于负面的情绪，最好的办法是疏导，而不是堵塞。因为堵塞只能起到暂时的作用，积累到一定程度就会"决堤"，那时情绪失控，就更严重了。

夏日的瓢泼大雨能够缓解闷热的天气，能在很短的时间里净化空气，令人舒畅。同样，适度的情绪发泄也会让人们尽情地倾吐心中的抑郁和忧伤，缓解紧张情绪。

人生不可能永远一帆风顺。在琐碎的生活中，遇到委屈、苦恼与憋闷的事在所难免，每当此时，情绪需要"释放"，情绪释放是我们谋求心理平衡的一种客观需要。

我们需要做的就是为情绪释放选一个最佳的方式。排解心中的负面情绪，可以使用以下"三步法"。

1. 确认你真正的感受

很多人虽然陷入悲伤、痛苦的情绪之中，但是他们实际上并不确切地知道自己真正的感受，只是一头扎进负面情绪里，承受无尽的痛苦与折磨。其实他们原本并不需要这么对待自己。稍微后退一步，问问自己："此刻我是什么样的感受？"如果答案是愤怒，就继续问自己："我真是觉得愤怒吗？还是有其他的感受？或许我真正的感受只是因为觉得自尊心受了伤害，或者觉得自己损失了些什么。"当你意识到自己真正的感受只是受伤或受到损失，你就会发现，这些事对你的影响并不如愤怒那样来得强烈。

只要你肯投入一些时间去确认自己真正的感受，随之针对情绪提出一些问题，就能降低负面情绪所带来的不快。用客观理性的态度来处理问题，自然就能更快、更顺手了。比如，如果你觉得自己不为别人所接纳，那就这么问自己："到底我是被人完全拒绝，还是有条件地拒绝？我是真被拒绝了呢，还是只是有些怅然？对这样的拒绝，我是否真的感觉那么不舒服？"

2. 肯定情绪的功效

任何情绪都有其正面意义，我们应该认清它能带给我们的帮助，千万不能扭曲情绪的积极功能。不管是什么事物，一旦被人们"预设了立场"，就很难看出它的真貌，即使是别人提出善意的建议也无法接受。如果我们认识到情绪在某种程度上也具有帮助我们的功能，就能更容易走出内心的煎熬，找到问题的解决之道。

对于所有我们所认为的"负面情绪"，都应该重新进行检讨，给它们一个新的定位。以后当你再遇上相同情况，那些情绪不但不会再困扰你，还能

Chapter 3 修炼自己
人生就是一次不断自我完善的修行

带你走出另一片天地。

3.好好注意情绪所带来的信号

当你因为某种情绪而深受困扰的时候,摆脱它最有效的一个方法,就是重新认识情绪的真义,以积极的心态去解决问题,让它在未来不会重复发生。如果你觉得孤单,不妨问问自己:"我是不是真的孤单呢?还是自己有所曲解?周围是不是有不少朋友?如果我能让他们知道我要去看他们,他们是不是也会愿意来看我呢?这种孤单的感觉是否在提醒我应该拿出行动,多跟朋友联系呢?"这样询问自己之后,你就能得到一个有效的解决方案,成功地摆脱负面情绪。

这三个步骤在一开始运用的时候可能有点困难,不过就像学习任何新的事物一样,只要你进行练习,就会用得越来越顺手。过去你认为是情绪的"雷区",如今仿佛拥有了一个探测器,走起来内心会觉得更加从容,每一步都会走得更有把握。别忘了处理情绪的哲学:"当怪物还不大时,就得处理掉。"当它已经困扰得让你受不了了,再想走出来就得费很大的劲了。

只要你确实认识情绪的真面貌,再加上能有效运用这三个步骤,用不了多长时间,就会发现自己在处理情绪上已经得心应手。

不必计较一城一池的得失

面对人生的得失与成败，不同的人往往会表现出不同的态度，而患得患失却是大多数人的通病。"患得患失"一词最初来源于《论语·阳货》。原文是："其未得之也，患得之；既得之，患失之。"是说在没有得到的时候，害怕得到，等到得到的时候，又害怕失去。面对得失，斤斤计较，瞻前顾后，犹豫不决，吃着碗里，看着锅里，想着兜里。"得之若惊，失之若惊"是患得患失者的典型症状。

我们总是希望获得自己一心追求的东西，但一个人的才华、时间、精力都是有限的，要想把所有的东西都收入囊中是不可能的。有些事，别人能够做到，你不一定能如法炮制。昨天你能够做到，也不代表今天依然能做到。尊重现实，顺其自然，乃智者的人生智慧，患得患失不仅会使自己的心智受到折磨，更会使自己迷失，苦恼不堪。总是患得患失的人，会在不知不觉中把自己关进精神牢笼，让自己的思维、心态、视野受限。在他们眼中，生活是无奈的，现实是残酷的，未来是险恶的，他们每天都觉得诚惶诚恐、畏首

Chapter 3　修炼自己
人生就是一次不断自我完善的修行

畏尾。久而久之，就会失去奋斗的动力与拼搏的勇气。

其实，生活中有阳光，就会有阴影，逆境与顺境本就像是硬币的两面，是同时存在、不可分割的。即使黑暗暂时笼罩了大地，当太阳升起的时候，一切还会恢复光明。人生的太阳是什么？答案是对理想的憧憬，是对目标的追求，是对生活的热爱。只有放下得失、丢掉思想包袱，把自己从精神牢笼中解放出来，才能拥有积极乐观的人生态度，拥抱美好的生活，铸就辉煌的人生。

何必计较一城一池的得失呢？等到我们长大成人之后，回首童年，我们会发现，孩提时那块得不到的糖果、那张只得了 80 分的考卷、那个被同学摔坏的铅笔盒……那些曾令我们不快、悲伤的"失去"，早就如同一阵轻烟消散得无影无踪。同样地，吃到一块糖果的甘甜、考 100 分时的喜悦、得到铅笔盒时的兴奋……那种种"得到"的快乐，也已变得不再清晰了。

我们走在人生的路上，遇到的事情无数，其中多数非自己所能选择，它们组成了我们每一阶段的生活，左右着我们每一时刻的心情。我们很容易把正在遭遇的每一件事情都看得十分严重。然而，时过境迁，当我们回头看走过的路时，便会发现人生中真正重要的事情是不多的，它们奠定了我们人生之路的基本走向，而其余很多事不过是一些小插曲罢了。

要想走出患得患失的阴影，就要修炼豁达、坦然的心态。

1. 多和自己比，少和他人比

一天结束的时候，可以回顾一下自己这一天的所作所为，把今天的自己与昨天的自己进行比较，只要你努力了，并且通过努力获得了进步，有所收获，就是问心无愧的。与自己相比，能帮助你认清自己，发现自己的长处，让自己常怀满足之心。

少和别人攀比，每个人的家庭背景、生活环境、人生经历都不同，遇到的机会也不同，比较的结果自然也不会客观，以不客观的比较结果作为对自己的评判标准，很容易让人失去心理平衡。而且，与别人攀比的时候，很多人还会习惯性地用自己的短板与别人的长处来比较，越比越自卑，越比越郁闷，心态越来越糟糕。

2.想清楚自己真正想要的是什么

很多人之所以会陷入迷茫，是因为他们从来都没有静下心来想清楚自己真正需要的是什么。他们会把大量的时间和精力用于追求一些自己不需要的东西，即使得到了，也不会带给他们满足感，内心仍然空虚、不快。

其实，当一个人迈步向前的时候，最重要的不是走得有多快，而是知道自己将去向何方。所以，别着急赶路，给自己一点时间吧，好好想一想自己真正想要的是什么，然后为了这个目标而努力，这样的人生才会充实，快乐才会加倍。

别让烦恼进入"累积模式"

当你意识到自己的生活中出现了一些烦恼的时候,不要只顾着忧愁、烦闷,与其把时间都花在破坏自己的心情上,不如好好想一想应该怎么处理这些烦恼,使它们消弭于无形。

当然,生活中也有一些小烦恼,本来就是鸡毛蒜皮的小事,不必挂怀。对于这样的烦恼,秘诀只有两个字:忘记。当时过境迁之后,你会发现那些烦恼是那么微不足道,为什么不让它们随风消散呢?

其实,大多数时候,这样的小问题都是不易察觉的,但是只要它们依然留存在心里,就有可能会发展成为"压倒骆驼的最后一根稻草"。就像很多人不愿意花时间去做一些小事,一心只想做大事一样,事实上,小事再小也是事,如果对小事都不屑一顾,又怎么能做成大事呢?同样的道理,很多人对小问题要么不屑一顾,要么置之不理,要么视而不见,然而问题再小也是问题,长期积累下去,最终就会演变成难以解决的大问题,一旦爆发,就会让人措手不及。

人生在世，不但要有直面艰难挑战和困境的勇气与胆魄，还要有面对小问题、小烦恼的淡然。只有拥有了对这些小麻烦的"免疫力"，生命才能茁壮成长。不过，人们最容易忽视甚至麻痹大意的，却往往是这些微不足道的小问题、小麻烦。而给人们带来致命威胁的，也通常不是那些难以解决的大问题，而是那些不被重视的小问题。

在生物学上，有一个著名的"野鸭实验"：把一只野鸭的眼睛用一块布紧紧蒙住，然后把它抛向天空。野鸭因为害怕，就会努力挣扎，在天空中慌乱地飞。最终，它总是会飞回自己出发的地方，飞出一个巨大的圆圈。其实人类也是如此。如果把一个人的眼睛蒙上，让他在一个宽阔的、毫无阻碍的场地上走直线，走到最后，他通常会像野鸭一样，走出一个大大的圆圈。

为什么野鸭的飞行轨迹会是一个圆圈呢？从生物学的角度来说，这是因为生物的身体结构虽然呈现对称的形状，但是有着肉眼难以察觉的微妙差别，比如野鸭的翅膀，虽然看上去差不多，但是肌肉发达程度和力量存在差别。人的两条腿也是如此，无论是长度还是力量，都有不易察觉的差别，这样人在走路的时候，迈出的距离就有所不同，积累下来，就会走出一个巨大的圆圈。人在沙漠或者森林里迷路的时候，之所以总是在原地打转，也是出于这个原因。如果人睁着眼睛，就能走出笔直的直线。因为人体能用眼睛来对自己前进的方向进行调整，对细小的差距进行修正。

可见，即使是微不足道的小差别，长期积累下来，也会发展成巨大的差异，对生活造成不可忽视的影响。"滴水穿石""不积跬步无以至千里"说的都是这个道理。

心理学上也有一个"累积定律"：人们通常都希望成就一番大事，但实际上，生活中并没有什么大事可做，大事也多是一件件小事积累起来的。这

Chapter 3 修炼自己
人生就是一次不断自我完善的修行

条定律用在烦恼上同样成立，烦恼也有一个"累积模式"：如果小的烦恼不断累积，就会变成大的烦恼，逐渐变成无法解决的烦恼，最后变成心理上难以承受的烦恼，忧郁也就随之产生了。如果能够及时打断这个过程，忧郁很可能就会戛然而止。

每天，人们都需要面对各种各样的事情：要与家人一起散步、要与同事讨论项目进展、要向上司汇报工作、要到菜市场去买菜、要陪孩子一起玩耍……每件事情都会给人们的情绪带来各种各样的影响，有时人们会因此而快乐，有时会平添很多烦恼。快乐当然是每个人都喜闻乐见的，但是烦恼不同。如果任由烦恼在心中像滚雪球一样不断地累积，到了一定的程度，一天的好心情可能就会毁于一旦。日复一日，这些烦恼还可能会诱发更大的问题，甚至导致抑郁症的出现。

我们应该学会"大事化小，小事化了"，这是一种生活的智慧。那么，应该如何做到呢？

1. 保持积极乐观的心态

积极乐观的人比一般人拥有更高的承受压力的能力，在遇到挫折的时候，他们通常能够更快地摆脱负面情绪，让自己的心情稳定下来。因此，在生活中，要学着让自己更加乐观、积极，用好心态来抵御烦恼的侵袭。

2. 告别拖拉、懒散的坏习惯，有了烦恼及时排除

当问题处于萌芽状态的时候，通常是易于解决的。因此，在面对问题的时候，千万不要拖拉、懒散，或者总想着"再等等吧，时间一长，问题自己就会消失的"。问题是不会凭空消失的，只会持续"发酵"，所以，一定要把握住初期这个最好的问题解决时机，别让小问题酿成大问题。

3. 不让负面情绪过夜

负面情绪的影响是不可能在很短的时间里被化解的，情绪需要一个缓冲地带，但是不要让这个缓冲地带过大。因此，最好不要把问题留到第二天早上，即使当天解决不了，也要尽量将心情调整好，不要带着负面情绪入睡。

以变应变

我们身处的这个时代,正以一种从未有过的速度发生着变化,而且这种速度令人惊叹。比如电脑的更新换代速度,做电脑生意的经常会感慨:新一代电脑刚刚到我们手里,还没等投放到市场上,好像就已经过时了。这就是我们时代的发展速度!

"不是我不明白,而是这世界变化快"。这是一个适者生存的时代。只有与社会变化的速度保持一致,甚至超过社会变化的速度,才能成为"适者"。处在这样的时代,你唯一的选择就是以变应变,增长自己的智慧,做出合理的判断,适时调整前进的方向,把握住每一次机会。

一个人在遇到新问题时,总会习惯性地套用旧时的方式或经验,以固有的思维来对待和解决新出现的问题。如果在一切条件还没有发生变化的情况下,运用过去的经验和方法的确会使问题得以快速解决。然而,如果在条件已经发生变化的情况下,仍然机械地照搬过去的老办法,循规蹈矩,以固定的模式去应对多变的生活和学习,就会走很多不必要的弯路,问题也不能及时、充分得到解决。

我们必须尽可能地发挥自己的聪明才智,适应眼前的一切变化。如何以变应变呢?

1. 要有应对变化的心理准备和战胜困难的勇气

人生没有平坦的大道,遇到困难是不可避免的。焦虑袭来之日,往往就是人们被困难挫折压倒之时。只有具备了一往无前的勇气,敢于承担责任,敢于正视现实,我们才能抵挡住焦虑情绪的攻势。

2. 因势而行

所谓势,就是促成某件事成功的各种外部条件同时具备,即恰逢其时、恰好合一,好的机会集合而成的某种大趋势。因势而行不是固定的顺势而行、因势行事,也可逆势而行,同样可起到应对变化的效果。

3. 因事而行

事情有难易之分,也有大小之别。有的事情关乎自己的切身利益,一定要去做;有的事情和自己关系不大,则视情况而定。如果你对自己即将要做的事情力不从心,就不要打肿脸充胖子;如果你对自己即将要办的事情把握不大,就要小心谨慎;如果你觉得自己对即将要做的事情信心满满,就要义无反顾地做好。因事而变,才能做好事情。

4. 因境而行

必须随环境的不同而适时调整自己的做事策略,改变做事的方式和技巧。这里所说的环境,包括社会环境、地理区域环境、学术环境、人际环境。做事因环境而灵活变化,才会成功。

5.善于调节情绪，保持心理平衡

对自己不要过于苛求，对具体目标要进行合理分析，如果一时达不到既定目标，不妨变通一下，为自己创造更好的环境。

在生活中，我们一定要充分调动自己的聪明才智，用一双善于观察的眼睛感知所有的变化，在变化进攻时做出敏捷、正确的反应。能应对变化，你才能抓住机会发展自己。

你缺乏的不是运气，而是勇气

世界上的失败只有一种，那就是还没付出努力就放弃。为什么轻而易举地就接受了失败的命运？原因在于，很多人都缺乏勇气。勇气是最好的精神药物，如果你能够始终以一种充满希望、充满自信的状态去发奋努力，如果你一心期待成就自己的事业，如果你能尽情地展现出自己的勇气，那任何事情都无法阻挡你前进的脚步。你遇到的任何失败，都只是暂时性的，你最终必定会取得胜利。

在面对挫折的时候，你会向勇气奔跑，还是向懦弱投怀送抱？

2004年，在智利的阿他加马寒漠里，全程近300公里的超级马拉松正在热火朝天地进行着。阿他加马寒漠的自然条件非常恶劣，号称是"地球上最像火星的地方"，在这里跑步，难度可想而知。

狂风把原本放置在路边的比赛路标吹得无影无踪，选手们只能凭着自己的感觉往前飞奔。一个叫作林义杰的小伙子不幸迷失了方向，无奈之下，他只能靠着一块坚硬的大石头坐下休息片刻。这时，他又发现了一个残酷的事

Chapter 3　修炼自己
人生就是一次不断自我完善的修行

实：自己所带的补给水已经喝完了。他绝望地想：要是找不到出口，肯定会死在这里，那我一定要死在岩石上，这样，来寻找我的人才会发现我的白骨。所幸的是，他最终与死神擦肩而过，逃过了这次劫难。在3个小时的艰难摸索之后，他不但找到了方向，还成为第一个抵达终点的人，拿下了这次马拉松的冠军。

作为一名马拉松选手，林义杰的每一次比赛几乎都徘徊在死亡边缘，他的每个赛场，都是艰险的地方。

2006年冬天，林义杰与来自美国和加拿大的查理、雷伊组成了一个小分队，进行了一场西起塞内加尔，东至埃及，全程将近6000公里的撒哈拉穿越之旅。跟在他们后面的，是联合国的官员以及来自好莱坞的摄影团队。他们希望通过真实的记录，来唤醒全世界的人们对非洲水资源短缺问题的关注。

白天，撒哈拉沙漠的太阳如同火球一样，毒辣地照在林义杰身上。而到了晚上，温度又会急剧下降，昼夜温差高达50℃。高温和寒冷的考验还不算什么，最令林义杰担忧的是，乍得境内的沙漠区域是一个地雷遗留区。奔跑在这一区域的时候，流沙裹挟着地雷到处流动，一不小心，就会触雷。

但这种种磨难林义杰都咬牙克服了。磨破了11双鞋子，侥幸从劫匪的攻击中逃脱后，林义杰终于拿下了第一届世界极地超级马拉松的总冠军。这段旅程，他用了**整整111天**。

有人曾经问起，赛跑对于他的意义究竟是什么。他是这样回答的："没有旅行过，就不知道世界有多大；不曾冒险，就不知道生命的可贵。"

勇气是一种来自内心的强大力量，当你心中满怀勇气时，你就会对将要做的事充满动力。勇气会驱使你勇敢向前，为了实现心中的梦想而付出一切努力。因为勇气，你不再畏惧，它如同一盏灯，照亮了你前行的路。

有位哲人曾说："当你身处苦难之中时，勇气就会被激发出来，带领你克服一切困难，走向成功。"勇气教人在遇到挫折时不畏惧、不回避，勇敢面对，接受挑战，去战胜困难，赢得成功。只要勇敢地去行动、去尝试，总会有所收获——或是成功，或是经验。

那些成功的人，如果当初都在一个个人生的挑战面前因为害怕失败而退却，因为畏惧挫折而放弃尝试的机会，那成功又怎么会光顾他们？没有勇敢尝试，就无从得知事物的深刻内涵。而勇敢去做了，即使失败，也是一段宝贵的经历和体验，促使我们在命运的挣扎中愈发坚强、愈发有力、愈发接近成功。

勇气并非是天生的，我们可以通过后天的培养来提升自己的勇气，以下几种方法可以采用。

1. 不要给自己贴上"胆小鬼"的标签

有的时候，人之所以会本能地把自己当成是"胆小鬼"，是因为他们在不经意间给自己贴上了各种各样的标签。比如，我们会说，"我是一个容易恐惧的人"或"我很脆弱"或"我内心不够强大"。人们之所以这样认为，通常是因为自己过去或现在的某些表现，但那或许并不是真实的自我。遗憾的是，只要这些标签内化为自身的一部分，它们就开始有了强大的"生命力"，甚至会影响到我们对自己的认知。

所以，必须明确的一点是，我们不需要标签！我们需要宣称："我必须自己决定我想要成为什么样的人，然后勇往直前！"

2. 建立"勇敢地采取行动"的习惯

拥有勇气并不意味着我们就不会再受到恐惧的侵扰。认为勇气和恐惧不能并存，是一种普遍存在的误区。事实上，恐惧是不可能完全从人们心底清除的。或许只有在生命终结之后，人们才能真正无所畏惧。即使那些内心勇气十足的人，偶尔也会受到恐惧的惊扰与折磨，只是他们在这样的情况下，通常也能激励自己勇往直前，去采取行动。他们之所以能克服恐惧，原因在于，勇气和恐惧一样，都只是一种习惯而已。越是勤奋地练习使用勇气，就越有勇气去面对一切恐惧。

面临威胁和挑战的时候，一旦"勇敢地采取行动"形成习惯，人们就会向着解决问题的方向迈进。

3. 让你的身体做领路人

有人说，恐惧源自未知。的确，当人们第一次面临某项未知挑战的时候，通常会产生恐惧，这时采取行动对任何人来说都是非常艰难的。比如，一个孩子第一次走上讲台向大家介绍自己，一个员工第一次承担某项重要任务，一个年轻人第一次学习滑雪。在这样的情形下，其实犹豫是最不应该有的心理状态，必要的时候还应该停止用"头脑"分析。因为停留在原地犹豫和迟疑的时间越长，未知的恐惧就越大，眼前的事情做起来就越困难。

此时，不妨让身体成为领路人，要么直接采取针对性的行动，要么通过感受、调动和增强身体的能量来缓解精神紧张。这种时刻，过度沉浸在"头脑"的故事中是不利的。

4. 让勇气主导生活

让勇气主导生活，哪怕是一些微不足道的小事，也要调动你的勇气。比如，当你不由自主地产生"我不行"的念头时，马上告诉自己"我必须去做""如果我真正做到的话，就会获得成长，就会变得更美好，就会给家人、朋友带来福祉"。

世界没你想的那么复杂

杰出思想家以赛亚·柏林曾经写过一篇名为《刺猬与狐狸》的故事：狐狸非常狡猾，每天都在刺猬的窝附近徘徊，寻找袭击刺猬的最佳时机。为了确保袭击成功，狐狸设计了各种各样的进攻策略。狐狸动作迅速、阴险狡猾，而刺猬则行动缓慢、愚笨迟钝，在狐狸与刺猬的这场战争中，看起来狐狸是注定的赢家。

狐狸在路口埋伏，悄无声息地等待。刺猬慢腾腾地走在这条路上。狐狸心想，这次我肯定能把你抓住。它飞快地向刺猬扑了过去。刺猬感觉到了危险，立刻缩成了一团，把身上的尖刺露了出来。狐狸正期盼着一次成功的袭击，看到刺猬尖利的刺，只好停止自己的行动。

袭击以失败告终以后，狐狸又开始精心策划下一次的进攻。然而，每次刺猬总是能一招制敌。

在狐狸的意识里，捕捉刺猬这件事情，需要复杂的谋略才能取胜。于是，它精心策划了很多方案，然而始终是以失败收场。对于这场战争的另一

Chapter 3　修炼自己
人生就是一次不断自我完善的修行

个主角刺猬来说，它的工作很简单，就是把自己的任务只归纳为"一件大事"，那就是——用自己的尖刺抵御狐狸的袭击。

狐狸知道很多事，刺猬只知道一件大事。狐狸和刺猬分别代表了生活中的两类人，一类是把简单的问题复杂化，一类是把复杂的问题简单化。

你是狐狸还是刺猬呢？

你一定听过有人这么跟你说：生活比你想象的要复杂得多。

于是，原本简单的你，就开始用复杂的眼光来看待我们所生活的这个世界，学会了对所处的环境"眼观六路，耳听八方"，对朋友、对同事"逢人且说三分话，未可全抛一片心"，谋事"三思而行"，刻意与人拉开距离，处处设防。

世界真的那么复杂吗？你所看到的世界如此纷繁复杂，也许只是因为你的思想是复杂的。其实，生活比你想象的要简单得多。可悲的是，大多数人认识到这个道理的时候已经为时太晚。

其实，生活的本质并不复杂，人生是简单的，只不过人们习惯为它披上很多"外衣"。生活不是做数学题，不需要反复算计。虽然很多时候，我们不可能改变世界复杂的形态，但至少我们可以把握自己做人的原则——保持简单。如果你简单，你的生活、你的世界也会变得简单、明晰起来。

只要你用心去观察，就会发现，世界上最美的艺术品往往都是"大道至简"的，长篇大论的演说并不一定比一句简短有力的话更有说服力。追求快节奏的现代社会要求人们在办事的时候提高效率。无论是在竞争激烈的职场，还是在日常生活中，较高的办事效率都是生存的基本需要。高效办事的前提就是把复杂的事简单地做，遇到问题的时候，往往要去伪存真、化繁为简才能抓住其本质，从而快速求得结果。而在真正掌握问题本质的基础上，以效率和效果为出发点，力求简单是最好的解决方式。

简单是一种原汁原味的美，简单更是一种力量。简单，可以让我们更洒脱自在，让我们的生活更加幸福。

别自寻烦恼，不做自扰的庸人

一提起"烦恼"，几乎每个人都会皱起眉头。在生活中，几乎每个人都曾有过烦恼或正在经历烦恼。是什么导致了这些烦恼的产生？其实，这些烦恼大多来源于我们的内心。

很多时候，人们会把一些事想象得非常严重，有些根本不值得一提的小事，有的人却把它当成无法排遣的烦恼，每天都为它郁闷、纠结，以至于整天都闷闷不乐、愁眉不展。其实，"世间本无事，庸人自扰之"，人生的很多烦恼都是自找的。

一位心理学教授为了研究人们常常忧虑的"烦恼"问题，在课堂上做了一个很有意思的实验。他要求学生在一个周日的晚上，把自己未来七天内所有忧虑的"烦恼"都写下来，然后投入一个指定的"烦恼箱"里。三周后，他打开这个"烦恼箱"，让所有学生逐一核对自己写下的每项"烦恼"。结果发现，其中九成的"烦恼"并未真正发生。

然后，教授要求学生们将记录了自己真正"烦恼"的字条重新投入"烦

Chapter 3 修炼自己
人生就是一次不断自我完善的修行

恼箱"。又过了三周,他打开这个"烦恼箱",让所有学生再一次逐一核对自己写下的每项"烦恼"。结果发现,绝大多数曾经的"烦恼"已经不再是"烦恼"了。烦恼这种东西预想的很多,出现的却很少。

教授在对这些烦恼进行了深入、透彻的研究之后,得出了一个令人惊讶的结论:很多人所忧虑的"烦恼",有40%是由于过去的事情所引发的,有50%是由未来可能发生的事所引发的,只有10%是属于现在的。其中,92%的"烦恼"从来都没发生过,剩下的8%则大多数能够轻易应付。因此,烦恼多是自找的。这就是所谓的烦恼不寻人,人自寻烦恼。

每个人都有七情六欲,心情也会经历喜怒哀乐的变化,烦恼是人的一种本能,是谁都无法避免的。但是,因为每个人在对待烦恼的时候会呈现出不同的态度,所以烦恼对人的影响也是不尽相同的,通常人们所说的乐天派与多愁善感型就有明显的区别。乐天派的人总是表现出积极乐观的态度,很少自寻烦恼,而且善于将烦恼化解于无形,所以活得轻松,活得潇洒;而多愁善感的人则喜欢没事找事、自寻烦恼,一旦有了烦恼,就会愁眉不展,牵肠挂肚,离不开也扔不掉,活得非常压抑。

其实,一个人若有以下心理或做法,必定会促使其自寻烦恼、无事生非。

1.总是习惯把别人的问题揽到自己身上

如果你把别人的问题当成自己的问题,把别人的责任也揽到自己身上,就会给自己带来很多负担,当这种负担无法承受的时候,自怨自艾的情绪就会产生,要不了多久,你就会烦恼甚至抑郁成疾。

2.总是会做一些不切实际、不可能实现的梦

最可怜的人就是那些经常心存幻想、抱有不切实际的希望的人。如果一个人给自己定下了过高的目标,他就会因为总是无法实现目标而烦恼不已。

3.眼里看到的多是事情消极的一面

无论生活中有多少快乐,记在心里的总是那些不愉快的事情。如果把注意力集中在那些不好的、令自己感到不快的事情上,就会运用消极的思想来给自己制造无穷无尽的烦恼。

4.时不时地制造隔阂

从来不会赞美别人,不习惯使用鼓励、夸奖之辞,总会喋喋不休地批评、挑刺、埋怨、小题大做,如此一来,烦恼怎么会离开你呢?

5.滚雪球一般将原本微不足道的问题无限放大

当问题第一次出现的时候就正视它,问题很容易就会得到解决。相反,如果让问题像滚雪球一样无休止地扩大下去,就会越来越难以解决,到最后甚至会成为一个死结。滚雪球的人总是遵照一条简单的规则行事:如果错过了解决问题的好时机,那就干脆再往后拖拖。那拖到什么时候是头呢?拖拉,只会使问题变得更加糟糕,使你的烦恼升级。

6.心中总怀着一种"牺牲者"的心态

在很多家庭里,母亲总是会过度地承担家务劳动,然后对自己说:"这个家里没有一个人是真正心疼我的,对我们家来说,我不过是个保姆罢了。"父亲也会采取同样的方法:"我每天为了这个家拼死拼活的,晚上躺在床上的时候骨架都累散了,但谁又能看到我的辛苦呢?"经常这样想,必定会使你产生很多烦恼,而且还会影响到周围的人,让别人觉得你很消极。

7.蠢人的黄金定律

愚蠢的人总是会把其他人看得一钱不值。运用这条定律的关键是首先对

Chapter 3　修炼自己
人生就是一次不断自我完善的修行

自己产生鄙弃之心，一旦贬低了自己的价值，接下来就会觉得其他人同样不值一提，于是对他们不屑一顾，使自己变得众叛亲离。

无论你是达官贵人还是平民百姓，不管你是百万富翁还是一文不名的穷人，不管你是社会名流还是无名小卒，恐怕谁也不可能超越"有得必有失"的辩证逻辑。即使你不去自找烦恼，也还是无法摆脱烦恼的侵扰。因为人是具有社会性的，不是超凡脱俗的圣人，烦恼就像一根绳子，一头牵着自己，一头牵着他人，没有人能摆脱这根绳子。我们越是和烦恼过不去，这根绳子就会牵得越紧，烦恼也就越多。如果让这些烦恼消耗我们大量的精力和时间，我们怎么能全力以赴地投入到工作和感情中去，获得梦想中的成功呢？因此，我们应该学会善于化解烦恼。

那么，如何才能淡化和化解烦恼呢？你可以试试以下方法。

1. 用不幸来比较幸福

有些人之所以意识不到自己生活在幸福之中，是因为他们从来都没有经历过真正的不幸。当你拿自己的幸福与别人的不幸相比时，你就会发现幸福的生活是多么宝贵。比如发生了重大的车祸，很多人因此而失去了性命或者身受重伤，实在是不幸的事情。如果有人也坐在这班车上，却毫发无损，那就是不幸中的大幸了。

2. 让时间来化解烦恼

遇到烦恼的事情，如果你能从一个长期的角度来衡量，心中对烦恼之事的感受度可能就会大大减轻。比如，受了上级的当众批评，你肯定会倍觉烦恼，但是如果想一下，三天后、一星期后甚至一个月后，谁还会把这件事当回事，为什么不提前享用一下这种时间的益处呢？

3. 承认现实，坦然面对

勇敢地承认现实，坦然地接受现实，对那些已经成为既成事实的过失及灾祸，不必总是后悔不已，也不必因此而无休止地责备自己或他人，而是把思想和精力投入到努力弥补过失、尽自己最大可能降低损失方面，这才是聪明的做法。否则，过多的后悔、无休止的责备，不但不能改变现实，而且会扩大事端，增加烦恼。

4. 换位思考，从旁观者的角度来看待问题

俗话说：旁观者清，当局者迷。那些置身烦恼之中的人，往往会执着于一点，甚至钻牛角尖，让自己陷入千丝万缕的苦恼之中，找不到头绪，甚至无法控制自己。此时，站在旁观者的角度去看待自己、思考问题，往往可以起到指点迷津、淡化烦恼的作用。如果你正处于烦恼之中，不妨做一下自己的旁观者。

除此之外，还要知足常乐。如果你对自己要求过高，总不知足，当然很难感到愉快，会增添很多烦恼。

给生命之舟减减负

在人生的旅途中,我们会经历各种各样的事情,有快乐的,也有痛苦的,有成功,也有失败。我们的确应该记住生命中的精彩,更应该学会忘记某些事。

季羡林对"忘记"二字深有感悟:如果不懂得"忘"的妙处,或者失去了"忘"这个本能,那么痛苦永远不会被驱散,在人们的心中时时刻刻产生如初时那样剧烈、残酷的受折磨感。谁愿意忍受这样的痛苦呢?所幸的是,人能"忘",随着时间的推移,痛苦的感觉逐渐从剧烈到淡然,再到只剩下一点点残痕,最后消失不见……而后人的心里就又充满了快乐,就像一切都没有发生一样。

"人生不如意事十常八九",这是人们在生活中遇到磨砺和难关的时候经常会发的感慨。的确,芸芸众生,有谁能一生始终活得春风得意、一帆风顺、无波无澜?就像每一条船都必须要经历波涛汹涌的大浪一样,每个人的世界都存在着各种各样的残缺,命运就如一叶在大海上跌宕起伏的孤舟一样，时刻会遭受波涛无情的袭击。"万事如意"只不过是一种美好的祝福罢了，在残酷而又曲折的现实面前，它显得是如此苍白无力。也许我们曾经踌躇满志、豪情万丈，想大展宏图，而生活的道路却总是磕磕绊绊、崎岖不平；也许我们乐于平凡，甘于淡泊，向往宁静以致远，而生活的海洋却总不时扬起风浪。

于是，我们感到很苦、很累、很彷徨、很失意、很痛苦，而所有的这些烦恼，只缘于我们没学会"忘记"，总是对那伤心的昨天念念不忘，对过去的不如意耿耿于怀，使得宝贵的今天满溢着痛苦，让忧伤占据我们的心灵，并在浑然不觉中与今天失之交臂。

我们不能一直纠结于某段不幸的经历，应该学会忘记，忘记过去生活中不如意事带给我们的阴影。不要轻易说"想要把你忘记真的好难"，也不要固执地守着"痛苦的往事怎能说忘就忘"的执念。懂得忘记痛苦，才能迎来快乐。不要总把命运加给我们的一点痛苦，在我们有限的生命里拿来反复咀嚼回味，那样得不偿失，有百害而无一利；一味地缅怀和沉醉其中，只能使我们意志薄弱。长此以往，必然导致我们错失时机，以致一事无成，如此恶性循环，也必然使我们的痛苦与日俱增。

退一步想想，给人类带来光明和温暖的太阳也无法摆脱黑子，给我们的生活洒满浪漫的月亮也有阴晴圆缺，我们何不豁达地忘记昨天生活给我们带来的阴影，以坦然的心态来面对每一天，微笑着迎接未来。

学会忘记吧。忘记过去曾经拥有过的辉煌，因为那些荣耀早就已经随着时光的流逝如同河流一样一去不复返，已经变成历史，不值得再去炫耀。"好汉不提当年勇"，一味地沉迷于过去的成就之中，只会导致我们不思进取，故步自封，荒废今天的学业或事业。人生是一段漫长的旅程，还有更大的成绩等待我们去创造，更多的果实等待我们去撷取。

忘记昨天吧。昨天的一切都已经成为过眼云烟，最重要的是把握当下。

Chapter 3　修炼自己
人生就是一次不断自我完善的修行

忘记昨天，是为了今天的振作。很多人往往因为一时的得失而被束缚，但聪明人应该懂得如何让昨天的惨败转化为明天的凯旋，让昨天的成功孕育出明天更大的成就。

忘记烦恼，你就可以轻装上阵，以一颗毫无负担的心来面对未来的再次考验；忘记忧愁，你就可以尽情地享受生活赋予你的乐趣；忘记痛苦，你就可以摆脱不幸的纠缠，让整个身心沉浸在悠闲、淡然的宁静中，体味人生的丰富多彩。

忘记他人对你的伤害，忘记朋友对你的背叛，忘记你曾有过的被欺骗的愤怒、被羞辱的耻辱，你会觉得自己变得豁达宽容，你能掌握住自己的生活，你会更加主动、更有信心、充满力量，更从容地开始全新的生活。

学会忘记，忘记我们对他人的恩惠，因为我们不贪图回报；忘记他人对我们的误解，因为我们相信总有一天会水落石出、真相大白、冰释前嫌。学会忘记，就像潮起潮落、花开花谢、云卷云舒，不必太在意。只要今天的我们在努力，我们就无愧于自己。只要我们活得问心无愧，我们就会觉得活得轻松、开心、充实。

别让经验束缚自己

在生活中,我们经常会总结经验,等到以后再遇到类似的情况时,我们就可以借鉴某种经验,让它为自己所用。的确,很多时候,经验可以帮助我们,但如果我们固守经验,一直以习惯行事,不知变通,就会被经验和习惯所束缚,甚至误导和坑害。

在非洲广袤的撒哈拉大沙漠里,骆驼是人们赖以生存的交通工具,沙漠里的每户人家都饲养着一峰甚至十几峰骆驼。驯服骆驼并不是一件简单的事情,因为骆驼的脾气非常暴躁,一旦发起脾气来,十来个人也拉不住,所以驯服骆驼是撒哈拉养骆驼人家最普遍的技能。

骆驼刚出生的时候,养骆驼的人就会在地上深深插下一根木桩,用来拴骆驼。这小小的木桩,看起来微不足道,骆驼不甘心被束缚。刚开始的时候,骆驼几乎每天都在与那根木桩做斗争:它会用尽全身的力气拽着绳子,左突右跳,想把那根小木桩从地下彻底拔出来。然而,骆驼的努力通常是白费的,因为那根木桩虽然看上去又矮又小,实际上却插得很深,而且被养骆

Chapter 3　修炼自己
人生就是一次不断自我完善的修行

驼人绑上了沉重的石块，就是十几峰成年骆驼一起用力，恐怕那根木桩也纹丝不动。

几天后，精疲力竭的骆驼终于屈服了，之后就有了对木桩的敬畏之心。

这时，主人就会坐在木桩上，用手悠闲地拉着拴骆驼的绳子，不停地抖动。

骆驼怎么会甘心任人摆布呢？于是红着眼睛又发起脾气来，它本能地以为自己一定会比这个矮自己许多的人力量大。于是，它又拼命地拽，拼命地挣扎，但就算它把四只蹄子都折腾出血来，也没办法摆脱那个紧拉缰绳的人。最后，骆驼臣服了。

第二天，牵骆驼缰绳的人不再是成年人，而是换成了一个与骆驼相比更加矮小的孩子。骆驼的野性再次燃烧了起来，于是又开始了新一轮的挣扎。不过，它的挣扎仍然是徒劳无功的。

骆驼终于彻底被驯服了。

从此之后，只要主人拿着一根用来拴骆驼的小木棍，随便往地上一插，骆驼就会习惯性地围绕着那根小木棍转来转去，再也不会挣扎了。

随着骆驼一天天长大，它对于被小木棍牵着的生活，就彻底习惯了。

骆驼的这种习惯有时候会给它们带来厄运：在沙漠里，经常会有不期而遇的沙暴，这时，主人为了防止自己的骆驼迷失，就会迅速在地上插上一根木棍，把一峰甚至几峰骆驼一起拴到这根小棍上。

悲剧就会这样发生，当主人被巨大的沙暴裹走以后，那些身体巨大的骆驼还牢牢地卧在小棍的周围。因为主人不会再来为它们拔掉小木棍，骆驼们就只能寸步不离地守在那里，日复一日，最后都被活活饿死。

与其说它们是饿死于缺少食物，不如说是饿死于自己的经验。

人都是凭借经验来对事物进行判断的，但我们所拥有的经验通常来自我们的经历，或者来自别人的经历，这些经验固然是值得借鉴的，但有时随着时间的推移、环境的变化或者事物的改变，一些经验会失去原有的价值，失去参考意义。而在现实生活中，人们往往过于相信自己的经验和感觉，以为"既然是经验，就一定是正确的"，无论何时都固守着这种一成不变的思维，最终犯下难以弥补的错误。

其实，只靠经验生活，很容易被传统模式所束缚。不仅如此，你的视野也将永远被束缚在以往的层次，很难得到提升。如果想要取得突破，就必须敢于做出新的尝试。

在经验的束缚下不敢创新的人，我们可以把他们称为"经验的奴隶"或者"经验的崇拜者"，因为他们把经验奉为一切，不愿意做出改变，总是在说"这不会做，那不可能"。殊不知，世界上哪一件新事物不是归功于古往今来的那些不破不立的先驱者呢？

曾经有人问季羡林，在学习外语方面有什么经验，季羡林笑着说：我的经验未必适合你，甚至我自己再使用这些经验，都要好好思考一番，在现在的这种情况下，再用这种方法来学习，是否还能起到原来的效果？

面对经验，我们不能仅凭感性判断，只能从理性角度分析，对于合理的经验，我们可以借鉴，但对于错误的经验，必须坚决摒弃！最重要的是，面对现有局面，凭借以往正确的经验，我们可以应付，这种应付只是保持一个平衡，要想提升，对正确的经验也要有勇气去质疑和挑战！只有适时调整自己的思维方式，灵活应变，才能不让经验左右自己，最终获得成功。

经验有什么用？经验就是被用来突破的！它就是一块垫脚石，如果你把它当成一个永远的舞台，就大错特错了！只有我们学会超出经验之外而借鉴经验，勇于打破习惯，我们才能真正让经验为我们所用，不被经验束缚，做自己的主人。

看淡输赢，保持平常心

从古至今，只要有人的地方，就有输赢。大到国家，小到个人，都在玩着"输赢"的游戏。人们在生活中，无论是下一盘棋、玩一盘电脑游戏，还是进行一次擂台比武，无不是为了争个胜负；再放眼整个社会，商场上的企业家们，无论是面对市场还是竞争者，每天都在为胜负而拼抢；学校里的莘莘学子，为了获得更好的成绩而努力，实际上也是在争成绩上的胜负；运动场上，无论是田径赛、网球赛还是羽毛球赛，运动员们无不在争着胜负。

这个世界上的任何一个角落，都存在着竞争、比赛。输与赢在我们的生活里，已经成为一种再寻常不过的事情了。然而，竞争和输赢本身并不是问题，成为问题的，是我们对输赢的态度。面对输赢的态度，最终取决于当事人的人格。比如争论中，有人会把它当成是一场理性的辩论，不管最后谁赢谁输，都是为了辩明事理。因此，赢了不会兴高采烈，输了也不会垂头丧气。而有人则会把这当成是一场战斗，为了"赢"本身而争论。这时候，争论本身已经变得不重要，重要的是不能输了，输了就会丢掉面子。这两种截然不同的态度，当然会对我们的情绪、生活带来截然不同的影响。

输赢心其实是一把双刃剑，如果少了，我们就会失去进取心，也会少一些活力。但如果多了，又会直接破坏我们内心的宁静，破坏我们与他人的关系，致使我们孜孜不倦地追求胜利的快感，甚至会因此而造成自我伤害（包括身体和心理的）。过度激烈的竞争还会使身处其中的人丧失悲悯之心、丧失对弱者的关爱。因为在这样的竞争中，"有用"几乎成为判断一个人是否具有价值的唯一标准。如果一个人因为"有用"而被卷入竞争中，就已经不是被当成一个完整的人来对待了。这样的人，同样可能不会把别人当成一个完整的人来对待。

其实，在茫茫宇宙中，人类本身就是一定意义上的胜利者。不妨想一想，人类征服了海洋，征服了太空，征服了野兽，甚至征服了大自然，已经成为强者了。可惜的是，人始终无法战胜自己，不能打败自己的烦恼，不能克制自己的忧虑，总是在与自我的战斗中败下阵来。尤其是在面临生死的时候，一次传染病或一场天灾，不管是多么强的英雄豪杰，也只得向"无常"屈服。

由此可见，根本没有绝对的胜者与负者，此时的胜者，可能成为明日的败者。胜败是常态，并非什么罕见之事。因此，世间很多的胜者，其实也未必胜，负者也未必负。

其实，人生就如一盘棋，需要你朝着一个目标，踏踏实实地走好每一步。人生没有输赢之分，只要你走好每一步，就一生无憾。

尼采在他的著作《查拉图斯特拉如是说》中曾经打了一个著名的比方。人的思想有三种变形：从忍辱负重的骆驼，到英勇搏击的雄狮，再到天真烂漫的儿童。日本学者梅原猛在自传《学海觅途》中借用了尼采的观点，将自己的生命划分为三个阶段：20~35岁是骆驼，35~45岁是雄狮，45~54岁是儿童。

Chapter 3 　修炼自己
人生就是一次不断自我完善的修行

那么，你愿意扮演骆驼、雄狮还是儿童呢？

堪称"中国最著名的失败者"的史玉柱认为自己是"儿童"。一次采访时他曾经对记者说：无论我做什么事，都会有人骂，因为我失败过。中国的传统文化不能容忍失败，胜者为王，败者为寇，实际上中国的失败者再重新起来是很难的。我觉得这是骨子里的问题，是中国的传统文化决定的。当然，我失败过一次，而且很惨，人经历过大风大浪，大彻大悟，对这个也不在乎了。过去碰上这些事可能会睡不着觉，现在一笑了之。

输赢，对于历史是结果，而对于人生，只是过程。那么，不管是什么，我们都还拥有未来。而如果我们把输赢视为人生的结果，那意味着我们放弃了未来。

每一朵花开，都需要等待

在我们的一生中，会遇到许多需要等待且值得等待的东西：美好、成功、重逢、转机、情感、无法预知的明天等。"每一朵花开，都需要等待"，世间所有美好的东西，无不需要经过漫长的等待才能得到。

生命中，"等待"是一个非常重要的词。我们的一生，似乎都是为了等待而来。小时候，我们等待自己长得像父母一样高，等待长大的那一天；长大以后，我们又等待着成熟的那一天；当岁月的日历被一页页撕去后，我们又在夕阳西下中，等待着生命的老去……

等待，其实本身就是一种生命的历程和成长，在等待中，我们寻找着自己成长的方式与答案。于是，在生活中，我们明白了太多的东西不是即想即有的，更不是唾手可得的，在某个路口，需要我们耐心等待，在等待里学习，在等待里感悟。

是的，我们得学会等待，因为人生不是拼速度，人生需要在等待中寻找结果。

Chapter 3　修炼自己
人生就是一次不断自我完善的修行

等待的过程，本身就是一个守候幸福的过程，在人生的漫漫旅途中，有繁花朵朵，有绿树成荫，也有惊涛骇浪与阴云密布。很多时候，我们只有学会等待，等待拨云见日、柳暗花明的瞬间，才能迎接下一站幸福，不是吗？

很多时候，只有懂得等待且愿意耐心等待的人，才能收获等待后的甜蜜和成就。而不懂得等待或者把等待当成是一种煎熬的人，总感觉等待是漫长的人生苦旅。其实只要你明白了等待的真谛，之后就会发现，等待是美丽的！因为，等待的过程，是一个充满了向往、憧憬、希望的过程，而等待的结果也能够带给我们很多慰藉，让我们知道，等待是值得的。

现实生活中，迅猛发展的社会正让我们变得浮躁，变得急于求成，变得只看重结果。其实，一个成熟的人是懂得等待的妙处的，他们懂得在等待中细细地品味生活的甘甜与幸福，而不是在奔跑、追赶结果时错过身边最美好、最值得珍惜的人生美景。懂得等待的人有坚定的耐力，懂得等待的人有美好的情怀，懂得等待的人有审时度势的慧眼，懂得等待的人有平和的心态，懂得等待的人最能感受人生的乐趣，懂得等待的人也总是能得到命运的垂青，相反，无法耐心等待的人总会被命运捉弄。

学会等待，才能享受生活的每一个美好的瞬间；急于向前，只能在奔跑中错过一站站绝美的人生佳境。人生就像一场旅行，不必在乎目的地，应该在乎的是沿途的风景，以及看风景的心情。人生的美丽在于过程，而这个必经的轨迹，蕴涵着享受幸福的机会。这就好比爬山，"无限风光在险峰"是人人追求的最美风景，也是我们的目的地，但是，如果我们一心只想着怎样才能以最快的速度从山脚爬到山顶，就不可能用心感受攀登过程中的刺激。很多时候，幸福不在到达目的地的那一刻，而在我们一步一步地接近目标的过程中。

当然，等待不是守株待兔，不是不思进取，也不是等待天上掉馅饼，而是学会在等待之中理智地看清现实，乐观地面对现实，然后执着地为改变结果而付出努力。等待其实是寻找出口和希望的过程，等待也是一种蓄势待发的积累，等待更是下一场成功的酝酿。不经历风雨，怎能见彩虹？风雨中的等待，为的是收获一份幸福的心境。心中太多的等待，无非是为了看到彼岸花开，无论多么漫长的等待，因为有了精彩的过程和守候，所以才变得意义非凡。

在等待的日子里，人们的心中可能充满了焦躁与不安，也可能充满了彷徨和迷茫，心境也会在不经意间变得不知所措。等待，其实是上苍对一个人的考验，虽然有时非常无奈，但我们要知道，任何梦想的实现都不是一蹴而就的，注定需要一个漫长的过程。等待能够让信心更加持久，意志更加坚定。如果你经受不了等待的煎熬，你也就没资格去体验收获的幸福。

等待不是一种随波逐流的放逐，更重要的是在等待中寻找新的目标。有的时候，在等待时我们才会明白什么是自己应该珍惜的、什么是自己应该放弃的、什么是自己应该抓住的、什么是自己应该思考与把握的，什么是属于自己的，什么是不属于自己的……因为等待，让我们变得成熟，也因为等待，让我们渐渐懂得思考的意义。

在等待中收获，在收获中再等待，也只有这样，等待才能酝酿出希望，让你一步一步接近幸福的目的地。

感谢那些折磨你的人

人活一世，难免会经历各种各样的折磨，承受很多的苦难：对手的攻击、世事的刺激、上天的不公……这些都会使人的内心倍受折磨。然而，换一种眼光看世界，这些折磨对人生并不是只有消极作用，有时它们也会成为一种促进人成长的积极因素。因为生命是一次次蜕变的过程，只有经历了各种各样的折磨，才能使人生得到升华。成功者往往都是在巨大的折磨中诞生的。他们把折磨当作人生的历练，当作一种激励、一种教训……可以这么说，折磨是人生的炼金石。回想一下人生中每一次进步，也许你会发现真正促使你进步和成功的，不只是你自己的能力，也不只是朋友和亲人的鼓励，更多时候是生命中那些折磨过你的人或事激发了你的潜能，鞭策着你不断进步。因此，要学会感谢那些折磨你的人，不管他们是善意的还是恶意的，因为他们在折磨你的同时，也在成全你，让你快速成长并成熟起来。

感谢伤害你的人，是他们让你变得更加坚强；感谢欺骗你的人，是他们让你有了一双慧眼；感谢欺负你的人，是他们让你明白了抗争的意义。

其实，重要的并不是你受到了什么样的折磨，而是被折磨之后得到了什么。接受折磨并不是一件难事，如何善加利用折磨，那才是真正困难的。

罗曼·罗兰说："从远处看，人生的不幸折磨还很有诗意呢！一个人最怕的，是庸庸碌碌地度过一生。"的确，我们必须体验过折磨的痛苦，才能体会到收获的喜悦。只有感谢曾经折磨过自己的人或事，才能体会那些实际上短暂而有风险的生命意义；只有懂得宽容那些自认为不可能宽容的人，才能看见自己心中的辽阔，重新认识自己……

很显然，折磨也是人生需要的，它和善意一样有价值。因此在生活中，当我们遭遇批评、伤害、欺负、背叛、欺骗、责罚、讽刺等折磨时，我们不要愤恨抱怨，更不要以牙还牙，相反，我们要感谢那些折磨过我们的人。因为伤害我们的人，让我们变得坚强；欺骗我们的人，让我们学会了辨别；批评我们的人，让我们有了进步；讽刺我们的人，让我们有了动力……

感谢那些折磨你的人，这不是阿Q的精神胜利法，这是一种成长。这不是一种退缩，而是一种成熟。这更不是一种残酷，恰恰相反，这是一种成长的催化剂。道理很简单：伤害你的人往往会磨炼你的意志。当你想放弃时，你会抱着坚持下去的信念。面对很多挫折，你会有更多不服输的精神。所以，如果说对你好的人是在帮你成功，那折磨你的人就是在"逼你成功"。

所以，感谢那些带给你折磨的人吧，只要能在折磨中看到积极的一面，就能找到人生的阶梯。

Chapter 4
活出自己
无畏前行,活成自己喜欢的样子

所谓的人生就是活在当下

看看终日在奔波忙碌的生活中渐渐迷失自己的人吧：面对堵车的街道，不停地发着牢骚，甚至口出脏话；在超市中购物的时候像没头的苍蝇一样到处乱转，毫无耐性；坐在沙发上拿着遥控器不停地变换着电视频道；而在工作中，恨不得一口吃成个胖子，赶紧做出成绩……

如果你不希望时间在这样的生活中匆匆流逝，如果你想知道怎样享受已经拥有的时间、金钱和爱，答案其实很简单，那就是让自己过好今天，把今天的事情做好。

我们无法改变过去，也不可能预测未来，我们能够把握的只有当下的时光与幸福。我们只能活在当下，活在此时此刻，所有的一切都是在当下发生的，只有活在当下，才能真正从容地面对人生、享受人生，把所有的精力积聚在这一刻，全身心地投入，而幸福和成功也会顺其自然地来敲响我们的门。以健康的心态享受每一个"今天"，享受每一个当下，所追求的幸福便能自己掌握。

在格陵兰岛上，有爱德华机场，这座机场之所以如此命名，是因为它是为了纪念一位名叫爱德华·文森特的人。他不曾创造过令人惊讶的成就，却领悟到了一个人生真理——生命就在生活里，在"今天"的每时每刻、每分每秒里。在这之前，他无时无刻不被忧郁所困扰，忧郁折磨着他，甚至令他一度产生了自杀的念头，他想通过这种方式来逃避忧郁。

爱德华出生在穷困潦倒的家庭里，为了贴补家用，改善家里的生活，爱德华在很小的时候就做一些卖报纸之类的工作。成年后，他先是成了一家杂货店的伙计，后来又当上了图书馆管理员。父母逐渐老去了，家庭的重担移到了他的肩上。可是，微薄的薪水让他无法维持家里的开支，他需要一份收入更高的工作。于是，他鼓起勇气辞了职，开始自己创业。

他从朋友那里借来了50美元，开始做一些小生意。没想到，他的生意做得还不错，一年的时间里，50美元就变成了20000美元。从那之后，他的财富就逐渐累积，成了一个有钱人。然而，好景不长，一次失败的投资，所有的财产瞬间化为乌有，还背上了100多万美元的债务。这突如其来的打击，让他万分忧虑。

可能是因为压力过大，也可能是因为情绪太过糟糕，爱德华得了一种奇怪的病。有一天，他在散步的时候突然晕倒在地，接着他的身体逐渐溃烂，即便是躺在床上，也感觉到万分痛苦。医生告诉他，他最多只能活两个星期了。爱德华听到这个消息后十分震惊，然而这一切都已经无法挽回了。

既然命运已经无法改变，他就接受了自己的生命马上就要走到终点的事实。他写好了遗嘱，对自己的身后事进行了周密的安排，然后静静地等待着死亡的降临。但是，极度痛苦后的宁静让他忘记了忧虑，奇迹就在这时发生了，不再忧虑的爱德华不但胃口大开，睡眠也正常了。

两星期的时间很快过去了，不但死神没有降临，爱德华的身体状况还有了好转，他能拄着拐杖下地行走了。两个月之后，爱德华的身体奇迹般地康

Chapter 4 活出自己
无畏前行 活成自己喜欢的样子

复了。

离开医院之后,爱德华重新找到了一份推销员的工作,打算从头再来。爱德华虽然有过一年净赚 2 万美元的纪录,但现在这份工作月薪只有 30 美元。因为不再为过去的遭遇而忧虑,也不再为那不可知的未来而担心,爱德华把自己的全部精力和热情都投入到每天的推销工作中去,他的业绩不断上升,事业发展非常迅速。短短几年时间,他就有了自己的公司,而且公司的股票在纽约股票市场上市。后来,为了纪念他,格陵兰岛特意用他的名字为新建的机场命名。

一个又一个的"当下"和"今天"串成了生命,所谓的人生就是活在当下。爱德华正是因为领悟到了这个人生道理,才能忘却过去,也不再为未来而担忧,想好好地把握生命的最后两周。于是他创造了奇迹,死神离他而去,他获得了重生。

有这样一个小故事。有一天,老和尚刚刚用完午餐,一位商人请求老和尚为他答惑解疑、指点迷津。老和尚将他带入一间静室中,十分耐心地听商人诉说自己的苦恼和疑惑。

商人诉说了很久,有对往事的追悔,也有对未来的担忧。最后,老和尚示意他停下来,问他:"你可吃过午餐?"

商人点头说:"已吃过。"

老和尚又问:"炊具和餐具可都收拾干净了?"

商人忙说:"是啊,都已收拾好了。"

接着商人急切地问老和尚:"您怎么总问我不相关的事情呢?请您给我的问题一个答案吧!"

老和尚只对他微微一笑,说:"你的问题你自己已经回答过了。"接着就让他离开静室。

过了几天之后,那位商人终于醒悟了,明白了老和尚话语中的道理,来向老和尚致谢。老和尚这才对他及众弟子说："谁若对昨天的事念念不忘，追悔烦恼，或者对明天的事忧愁妄想，他就将成为一棵枯草！"

老和尚告诉我们，人只能生活在今天，当下的时间，谁也无法退回"昨天"或者进入"明天"。昨日已成为历史，明天依然未知，只有今天，只有此刻，才是生命的真谛，它值得我们去珍惜、去把握，我们的生命在此刻才能体现它最大的价值与张力。所以，最重要的是做好今天的事情，认真过好今天。

可是，生活中，有些人总是喜欢拖延，明明今天应该完成的事，却偏要拖延到明天，可是到了明天，他们照样完不成。这样的人在生活中比比皆是。这样的人无法做大事，也永远无法成功。我们应该经常抱着"必须把握今日去做完它，一点也不可懒惰"的想法去努力。把握每一天，让宝贵的时间充分发挥价值，就如富兰克林所说："把握今天，就等于拥有了两倍的明天。"

人生中难免有不快和忧愁，而每一天都是崭新的，所以我们应该学会忘记那些烦恼，因为那都将是昨天的事情，过去的就应该让它过去，重要的是把握好今天，不要对昨天念念不忘，也不要预知明天的烦恼。昨天有昨天的事，今天有今天的事，明天有明天的事。今天的理想，今天的决断，今天就要去做，一定不要拖延到明天。

活出自己的精气神来

人生活在这个世界上,本身就是一件既快乐又艰难的事情。因为上天在赋予我们生命的同时,在我们肩上放了沉甸甸的责任。我们每个人,除了无忧无虑的儿童和耄耋老人,在人生的大部分时间里,都需要为家庭、为事业不断奔波、忙碌。生活对我们来说,并不是轻松的享受。所以既然活着,就一定要活出自己的精气神来。

什么是精气神?

所谓"精",指的是我们的精神面貌、精力状况。精神面貌积极向上,精力充足,才有蓬勃的生命力。如果一个人的精神垮掉了,那么即使他的肉体还活着,也如同行尸走肉一般,没什么活力。人之所以能够成为"万物之灵",正是因为人拥有丰富的精神世界,有高尚的思想追求,这是人类与其他生物的最大差别。

因此,人活着,一定要精神。一个有精神的人就像是广袤大漠里迎风屹立的胡杨树一样,活着千年不死,死了千年不倒,倒了千年不朽。它不只是作为一种树而活着,更是作为一种顽强的精神而活着。树是这样,人更应该如此。

所谓"气",指的是通过我们的一言一行、一举一动所体现出来的态度、气概。有"气",才有活力,才有热情。生活中,我们经常会说一个人有气势,以此来形容他的英气勃勃、气宇轩昂、精神饱满。一个有气势、有气度的人,无论做什么事情,都能雷厉风行、高效完成,绝不拖泥带水,更不推三阻四。这样的人,总是比其他人更容易成功,更容易得到机会的青睐。

所谓"神",指的是人的意志、神气,是人的"生命之光"。如果没有"神",人就像无法点燃的蜡烛一样,失去了价值。而一个有"神"的人,无论经历怎样的苦痛、挫折、逆境,都会及时调整自己,活出潇洒、自信,精神十足地面对未来。

"精""气""神"这三者之间,是密切相关、互相依存的。只有同时具备精气神的人,才是健康的、积极的、乐观的。活着就一定要活出精气神来,为自己、为他人、为这个社会创造价值。

其实,放眼看一看世间的万事万物,凡是有生命的,哪一个不懂得活出精气神的真谛?就连那些看起来微不足道的花花草草,也在努力活出自己的精彩。就算扎根的土地非常贫瘠,它们也会用自己全部的努力来萌发出鲜嫩的绿叶。当秋风吹起的时候,哪怕只剩下最后一片叶子,它也会执着地高悬在枯败的枝头。它们会用心培育自己的花朵,不管是娇艳的还是朴素的,不管是香气浓郁的还是毫无芬芳的,它们都会在开花的季节里,默默地绽放属于自己的美丽。

花草犹如此,人何以堪?

我们每个人在社会上扮演着不同的角色,而我们所扮演的角色决定了我们是怎样的人。也许我们不能为国家发明高科技产品,我们不能代表国家参加某个重要的赛事,我们不能成为指点江山的政治家,我们不能成为闻名世

Chapter 4　活出自己
无畏前行　活成自己喜欢的样子

界的艺术家……但我们可以在自己力所能及的范围内，做出利于人民和社会的事情，让自己的存在更有价值，这样我们活得才更有精神。

一个有精气神的人，即使是到了耄耋之年，也依然能让人感受到充沛的生命力。即使是身体残缺，其内心的坚忍也令人不能小觑。即使虎落平阳，也不会放弃希望，始终奋勇拼搏，直到东山再起。有了这种精气神，人才有资格得到别人的尊重、认可与支持。

精气神，如同生命的"钙片"一样，有了它，人才会骨骼坚实，有支撑。精气神越是充沛，生命力就越是顽强。人活一世，如果不活出属于自己的快乐和幸福，就等于白来这世上走一遭。为何不利用生命的每一分、每一秒，用自己的精气神在这个世界上留下属于你的壮丽轨迹？

为自己创造快乐

一个懂得创造快乐的人，即使身处窘境，也能发现快乐、为自己创造快乐。一句"荷花真好"，让我们看到了一位苦难文人创造快乐的达观心境，这是一种通透、清澈的境界，一种随性、洒脱的胸襟，一种面对痛苦、心底坦荡的气质，一种对生活、对生命无限热爱的美好情感。

欢乐与烦恼总是交替出现的。所以人们才会说：烦恼皆在，也正因如此，才更需要快乐做支撑。我们总是错误地认为烦恼来自环境，生活是给我们留下很多烦恼，但更多的不快是我们自己创造出来的。物随心移，不快的心情，并非因为外物，而是因为心灵。

既然如此，何不学着为自己创造一些快乐呢？如果你了解了烦恼不过是生活的一种常态，你就会觉得根本没必要纠结其中。当你放下烦恼的心结，你就会发现生活的每一天都充满诗意，生活的每个细节都有欢乐的影子，这时快乐便会常驻你心中……快乐不在遥不可及的地方，它就在我们身边，就在一些琐碎的小事之中。

Chapter 4 活出自己
无畏前行 活成自己喜欢的样子

创造快乐是一种乐观向上的人生态度，也是一种美好的心灵状态。不管是在生活的哪一个地方，学会了创造快乐，你便学会了幸福生活的方法。

如何创造快乐呢？其实答案很简单。

1. 学会放弃

创造快乐的人首先懂得放弃：放弃没必要的欲望，放弃不平衡的心态，放弃那些悲观消极的情绪。因为生活中的我们之所以感到不快乐，是因为我们对一些事情看得太重的缘故。古人说"无欲则刚""欲炽则身亡"，太过追逐名利，烦恼和忧伤自然会源源不断，长此以往就会觉得越活越累。对于快乐的把握，台湾漫画家蔡志忠先生曾经这样说："需要极少，满足极易。"只有做到忘记利欲的追逐，才会怡然自得，快乐才会常伴左右。

2. 列出你的快乐清单

对于创造快乐，有一个很特别、很有意思的办法，叫作"列出你的快乐清单"。所谓"快乐清单"，就是将你自己曾经做过的、遇到的开心事一条一条地记录下来，然后慢慢品味。比如，你可以记下你做过的一件最出色的工作，走过的一条最美的街巷，看过的一场最精彩的电影，邂逅了怎样一个有趣的人，如何帮助过别人并得到怎样的回报，与朋友吃得最愉快的聚餐，你的付出得到了爱人的理解，受到上司的夸赞或同事的认可。经常记住这些能带给自己好心情的乐事，并常常温习这些事情，快乐就会充盈你的生活空间，你就会肯定自己、敬重自己、爱上自己，也就不会有困顿和烦恼的感觉了。

3. 到大自然中寻找快乐源泉

在不快乐的时候，走出房间，去亲近自然，在感受自然美好的同时，感受到了生活的美好。比如,在观看日出时体会活着本身就是一种幸运;在河边漫步时体会依然健康的幸福;在欣赏田园风光、袅袅炊烟的时候感悟生命的神奇。思想其实很容易被大自然的美好感化,这也是散心的妙用。

另外,创造快乐的方法还有很多,比如在郁闷时看一本小说,通过故事来感悟快乐;也可以写首小诗,在文学的美妙中体验快乐的意义;或者画一幅图画,把对生命的渴望通过笔触来描绘,你一定会有不同的心灵体验。

每个人的身体里其实都蕴藏着追求幸福的巨大能量,况且生活本身就充满着许多美好的事物,对我们来说,生活不缺少欢乐,而是缺少创造欢乐的能力和心境。所以,在平淡的生活中改变一下自己的心态,多为自己创造些快乐吧!

平和的心态胜过万两黄金

在这个物欲横流的时代，人们不知何时就会在忙碌与奔波中迷失自己，或为了追逐名利，在觥筹交错的喧嚣与热闹中忘记了曾经的单纯；或因为无所事事，沉湎于寻欢作乐中而放空了灵魂……心灵经常会被各种各样的东西填得满满当当，很难获得片刻的宁静。生活的复杂也为我们带来了数不清的烦恼，很多人在这些烦恼里沉沦、不能自拔，失去了生活中的简单、快乐。寻找心灵的宁静，回归幸福的人生，不只是个人的需要，更是这个时代的需要。

什么是心灵平静？拥有平常之心、平静之心、恬淡虚无之心和淡泊名利之心，方为心灵平静。人的心境是否保持平和、情绪是否始终快乐如一，与心态有着巨大的关系。只有拥有平常心的人，才能做到不为世俗所媚，不为流行所扰，不为名利所累，不为浮华所惑，从而以最平常、淡泊的心态来面对人生的风风雨雨。虽然做到这一点并非易事，但这是健康人生应该达到的境界，也是我们每个人都要达到的目标。

为了获得心灵的宁静，人们几乎绞尽脑汁，有的人干脆不问世事、退隐山野；有的人抚琴弄墨、与诗书做伴。殊不知，"小隐隐于野，大隐隐于市"，真正的宁静在于心灵的无欲无求，真正的归隐是物我两忘的心境，哪怕身处最世俗的市井之中，也能排除嘈杂的干扰，获得怡然自得的心态。其实我们只要找到让心灵宁静的方式，就是找到了幸福。

心灵的宁静，是一种不受外界羁绊的至高境界！真正的静，不在于外界，因为世界始终处于不断变化之中，而不管身边的一切怎样变化，你都应该在"变"中保持心灵的"静"，这才是最高明的生活方式。

从下面两个画家的故事中，或许我们能找到对宁静的深刻感悟。

有两个画家，打算用"静"作为主题来绘画。他们按照各自的创意开始了构思、作画，不久之后，他们的作品完成了。

第一位画家的画面是这样的：整幅画呈现出一种静谧的状态，碧蓝、纯净的天空下，一片金黄的稻田，路边的垂柳，轻轻地俯向大地，表现出一种轻柔的依赖之意，画面向远处无尽地延伸。人们在看着这幅画的时候，感觉不到一丝风动和嘈杂，平静得让人不忍呼吸，果然是把"静"描绘得淋漓尽致。

第二位画家也展开了自己的画面：映入眼帘的是一道陡峭的悬崖，挂在悬崖上的是一道湍急而下的瀑布，水流凶猛，看上去来势汹汹。然而，就在瀑布经过的半山腰上，长着一株突兀的小树，在水势的冲击中摇摇欲坠。令人奇怪的是，在这危机四伏的小树上，有一个鸟巢，鸟巢里有一只可爱的雏鸟，它安静地闭着双眼，正在沉沉地睡着，对瀑布轰隆隆的响动以及小树的晃动，它都浑然不觉。

第一位画家看着第二位画家这幅特别的画，自愧弗如："我用笔描绘的是一种环境，你却能描绘出一种心境，你比我高明多了。"

第二位画家的画体现的就是宁静的真谛，无论多么静谧的"环境"都无

Chapter 4　活出自己
无畏前行　活成自己喜欢的样子

法与心中宁静的"心境"相媲美。这两个"静"的差异，说的就是心内与身外不同的宁静。其实，只要我们拥有了心灵的宁静，无论身处怎样的环境之中，喧嚣也好，宁静也罢，我们都会保持淡定的心态。洪应明在《菜根谭》中那句经典的"宠辱不惊，闲看庭前花开花落；去留无意，漫随天外云卷云舒"，说的就是一种心灵的宁静。

当然，保持心灵的平静，并不是让人们逃避喧嚣的世界，因为逃避并不是解决问题的办法。追求心灵的宁静并不是一种消极的自我麻醉，而是追求一种积极的心态：能够平静地接受世事的困扰和命运的打击，依然怀有对生活的热情，因为在人生的旅途中，困扰和挫折是在所难免的，再大的打击也无法阻挡我们前行的道路。

在生活中，如果能做到以下几点，对建立和保持心灵平静将会有很大的帮助。

1.学会顺其自然，凡事不强求

世间万事万物，都是按照一定的自然规律在运行的，比如月有阴晴圆缺，人有悲欢离合，花有花开花落。顺应自然规律，一切才能按部就班地进行、发展。人生也是如此，很多事情不能强求，比如你不可能让一个不爱你的人爱上你，不可能在要外出的时候让瓢泼大雨突然停下来好方便你出行，也不可能让逝去的时间倒流……与其追求一些自己根本无法得到的东西，不如放下"强求"之心，顺其自然，享受自己能得到的东西。

2.正确对待自己所拥有的

人生要想获得快乐，秘诀不在于拥有多少东西，而在于怎样对待自己所拥有的一切。你珍惜、享受已经拥有的，就会收获富足、乐观、感恩的心态。而有什么样的心态，则决定了你的生活方式。一个懂得珍惜的人，生活肯定会比那些不懂得珍惜、每天只知道抱怨人生的人要快乐得多。安于拥有的人，才能真正获得自在、自如的人生，心灵才会始终保持平静与安宁。

3. 正确认识自己

认识自己、了解自己，是心灵平静的源泉。一个人如果看不清楚自己，不了解自己的优势、短板，就很容易陷入误区之中：总是强迫自己去做一些力所不及的事情，去追求一些永远也无法实现的目标。他们收获到的只有挫败感与日益加重的压力，心灵当然无法平静。因此，正确地对待自己、善待自己，凡事不要苛求完美，心灵才会洒脱、自由。

孤独是人生的最大馈赠

谁都不愿意做一个孤独的人，因为孤独的日子是非常难熬的。但实际上，孤独也是人生的一笔不可多得的精神财富，是命运给予我们的丰厚馈赠。享受孤独，就是享受绮丽的人生。

孤独是一种难能可贵的感觉，在感到孤独的时候，轻轻地把门和窗关上，把自己与外面喧闹的世界隔离开来，默默地坐在书桌前，用粗糙的手掌轻轻地拂去书本上的灰尘，翻着那轻盈的书页，嗅觉仿佛马上就触到了久违的纸墨清香。

提到孤独，人们就会想到"离群索居""顾影自怜""孑然一身"。在世人看来，似乎只有合群才是正常的，才能免除孤单，得到幸福。其实，这并不是孤独，而是孤僻。孤独与孤僻之间有着巨大的差别，就像周国平在《论孤独》里所说的："心灵的孤独与性格的孤僻是两回事。孤僻属于弱者，孤独属于强者。两者都不合群，但前者是因为惧怕受到伤害，后者是因为精神上的超群卓绝。"真正的孤独是一种高贵的品格，一种宁静的心境。不是所有人都喜欢孤独，也不是所有人都能拥有孤独，更不是所有人都能读懂孤独、享受孤独。粗俗浅薄的人只会无聊，孤独有别于无聊的寂寞，寂寞者的心灵总是空虚孱弱、充满恐怖的，往往会在孤独中无奈落寞、迷失方向甚至沉沦颓废。

渴望孤独，能尽情享受孤独的人，大多是内心充盈、志存高远的，为了自己的心性不受约束，而以独处来构建自己心灵上的世外桃源，保持自己灵魂的洒脱，正如在一般人眼中，雄鹰在空中遨游的形单影只是孤独的，但雄鹰拥有的是整个天空。孤独，让你的灵魂达到人生的最高境界。

一个经常独处的人，其内心一定不会贫乏。他们对生活的感受与体验会高于不常独处的人，独处中所累积的自我意识会在言语中释放。很多人话语贫瘠，文字苍白，多半与不会独处有关。独处的奥秘就在于，它能让你直视自我，以自我审视的方式认识自己、呈现自己。以独立、完整的个性融入大千世界、芸芸众生，这样就不容易迷失自我。

布雷斯·巴斯达曾经说过："人类所有的不幸，都是从无法一个人安静地坐在房间里开始的。"很多人抱怨生活中有太多的压力，在重压之下，内心越来越烦躁，不得清静。于是，追求清静成了许多人的梦想，虽然他们希望获得清静，却害怕孤独。实际上，孤独才是人生中的一种大境界，它是一首静静流淌的时间之诗，是一道美不胜收的人生风景，是那种"你在桥上看风景，看风景的人在楼上看你"的别致情怀。

孤独是静寂无声的，但是能够让你更好地透视生活，在人生的大起大落面前，保持一种洞若观火的清明和睿智。跌宕起伏的生活虽然刺激，令人心驰神往，但在人生中，平静才是主旋律。你总要学会一个人慢慢地享受人生，总会有那么一个时刻，你是孤独无助的，但不要害怕，因为这本

Chapter 4 活出自己
无畏前行 活成自己喜欢的样子

身就是人生给你的最大馈赠,正如罗曼·罗兰所说:"世上只有一个真理,便是忠实人生,并且爱它。"

因此,当孤独来临的时候,静下心来,去体味它,享受它,在欣赏完夏花的绚烂之后,不妨沉下心来,品读秋叶的静美。

给生命留一丝空隙

有的时候,你是不是会有这样的感受:站在人来人往、车水马龙的繁华街头,仰望着钢筋水泥的城市,心里非常堵,似乎连一丝空隙也没有,让你喘不过气来?这是因为,你的心里装载的东西实在是太多了。人活一世,你需要给内心留一丝空隙,有一句话说得好:"生命必须留有缝隙,阳光才能照进来。"

很多时候,当思绪不再被各种各样的琐事填满,一切就会变得简单、通透。生活在人世间,每个人都有自己的无奈和烦恼,谁都不可能逃避,谁都不可能超脱,谁都不可能远离。所以我们要给心灵留出一丝空隙,让自己可以在这里短暂歇息,恢复宁静与淡然。

给自己的心灵留下一点空隙,就像车与车之间的安全距离一样,是为了让生活有一个缓冲的空间,可以不断地调整自己。生活的空间,需要清理不必要的杂物。心灵的空间,更需要经过心态的变通而扩展。

我们的内心就如同一个大包裹,要想活得轻松一些很简单——少带点东

Chapter 4　活出自己
无畏前行　活成自己喜欢的样子

西，给自己足够的空间。幸福不在于无止境地追求，而在于心灵的适度清空。心里装得太多是负担，是另一种意义的失去；偶尔清空心灵，也非不足，而是另一种意义上的富足；没有空，就没有进，"空"是另一种意义上的更宽广的拥有和获得。

生命中，我们应学会给自己的内心留一点空隙，让自己在一片轻松、自如的心境中过好每一天，不管外界如何变幻，不管世事如何变迁，只要能拥有一片属于自己的天空，心中就会常常有明媚的阳光相伴！

其实，人生是痛苦的还是快乐的，是轻松的还是劳累的，很多时候取决于自己的心态。我们每天都要经历各种各样的事情，如果所有东西都在心里安家落户，身心就会不堪重负。情感装得太多，就会背上付出的包袱；名利装得太多，就会背上患得患失的包袱；金钱装得太多，就会背上欲望的包袱……

总之，心灵的房间装得太满，心情就会变得杂乱无章，烦躁自然随之而生，苦恼也就在所难免了。所以，要想活得轻松，就必须把自己的思绪整理清楚，把杂念从心中清理出去，腾出更多的空间，然后把该扔的扔掉，该留的留下，如此才能给心灵一个宽松、纯净、明亮的居所。

给心灵留一丝空隙，在于一种恬淡、丰富的生活情趣。周国平在他的一篇名为《与身外遭遇保持距离》的作品中曾经写过这样一段话："无论你多么热爱自己的事业，无论你的事业是什么，你都要为自己保留一个开阔的心灵空间，一种内在的从容和悠闲。唯有在这个心灵空间中，你才能把你的事业作为你的生命果实来品尝。如果没有这个空间，你永远忙碌，你的心灵永远被与事业相关的各种事务所充塞，那么，不管你在事业上取得了怎样的外在成功，你都只是损耗了你的生命而没有品尝到它的果实。"

给心灵留一丝空隙，在于一种无所求、不自私的坦荡。抱着一种"无所求"的心态做事，就不必担心、不必惧怕，而且还更有可能把事情做到完美的状态。如果一个人心里满满地装着那些想要实现的东西，那么在处理事情的时候，就会前怕狼后怕虎，失去那种顺其自然、坦然面对的随性，剩下的就只有负累了。常言道："心底无私天地宽。"人世间，为人处世，不要顾虑太多、想得太多，做好你应该做的事情，做到问心无愧，又有何惧、何忧？只要你心里充满阳光，以一颗平静的心做事，就会活得游刃有余，潇洒自由。

给心灵留一丝空隙，在于选择时明智。无论有多少备选项，都能做到选出其中"少而精"的一项，让自己的心灵简单化。

很多时候，心灵之累往往比身体之累更令人无法承受。身体如果感到疲劳了，只要休息一下就能很快复原；而心灵如果疲倦了，需要投入更多的时间和精力来呵护。既然如此，不妨让身心少一些包袱，让它变得闲适自由。世上有很多东西都没必要尽收囊中，没有那些我们一样可以生活得很好，要勇敢地舍弃，不必一味地去争抢和占有。如果紧紧抓着不松手，受累的只能是自己。

何不将人生之旅中心灵的行李箱清理出一些空间来，别装得那么满，少装一些世俗杂念，让自己轻装上阵，去悠闲地度个假，体会一下没有包袱的幸福。

别让梦想成为空想

你有梦想吗？很多人都曾经如同探险家约翰·戈达德一般，拥有过许许多多五彩斑斓的美妙梦想。但这些伟大的梦想，往往在周围亲友"别傻了""不可能"的"规劝"中逐渐萎缩，甚至破灭。

如果我们能够不畏别人的目光与评价，坚持自己的梦想，就有了新的眼光、新的境界，人生也会打开新的一页。

其实，只要你愿意付诸行动、愿意为之努力，即使是那些在别人看来如同空想、不切实际的愿望，也有可能最终得到实现。人的一生其实非常短暂，但那些为梦想而奋斗的人，能不断地品尝到拼搏的喜悦，把一生过得丰富多彩，生命的长度也因此得以延伸。

但是，在现实生活中，很多人经常会把梦想变成空想。其实，梦想与空想之间只有一步之遥，往前一步是梦想，退后一步则是空想，区别只在于是否真正行动起来了，为实现梦想而努力。空想就像是迷药一样，看上去似乎未来很美好，但沉浸在一个不付诸行动的梦想中会让你作茧自缚，连做好基础工作的踏实态度都丢掉了。

你可以通过两点来检查你的梦想是不是空想：一是你的梦想是不是切实可行的，一个空洞而又不切实际的梦想只会让你受到误导，感到迷惑；二是你愿不愿意为你的梦想付诸行动，如果你是"行动上的矮子"，那么你的梦想也只是一个白日梦。

让梦想转化为现实，是需要行动和毅力来支撑的，你开始行动了吗？

1. 为实现梦想而集中全部力量

集中所有的力量，脑力、时间、精力、物力、财力等一切你所拥有的并且可以调动的"能量"，千方百计、千辛万苦地为实现目标而努力。你必须明白什么时候，什么地方，如何运用最科学的方法把自己的力量发挥到极致，来达到理想的成功，否则就是对生命的浪费。

2. 用目标指引你的行动

明确而又切实可行的目标是引领行动走向成功的灯塔。要想实现梦想，必须把这个梦想分解为无数个切实可行的小目标，用一个个小目标来激励自己，最大限度地调动起自己的才智和精力，全力以赴，为实现目标而行动。当你为自己的行动确立了一个目标的时候，你就会在行动的过程中不断地与目标进行比照。

这样，你就会清晰地知道自己的行动速度以及与目标之间的距离。当这一切以量化的形式出现在你面前的时候，你行动的动机就会得到不断的强化，你就会全力以赴克服困难，努力向目标前进。目标会为你的行动提供源源不断的动力，激励你为之奋力拼搏，忘我地投入实践之中。

用目标激励你的行动，就会发现自己在努力完成一个又一个的小目标之后，正脚踏实地、一步步地走向预想中的成功，而不是一直沉迷在空想之中或者疏于行动。

3. 注意行动不要偏离目标轨道

有的时候，行动会在不知不觉中因为受到某种阻力或者是受自身习惯的影响而偏离目标，你必须及时检查自己的行动，发觉偏离轨道后应该及时加以纠正，免得回到老路上去，导致前功尽弃。

4. 排除对实现梦想没有帮助的活动

在生活中，每个人都会无意识地去做很多无益于目标的活动，比如一堆人聊天的会议，鸡毛蒜皮的杂事，毫无意义的扯皮、打扑克、打麻将。对于这些对梦想的实现没有任何帮助的活动力求避免。

清空自我，不断"空杯"

如果一个杯子已经盛满了水，还能再往里继续倒水吗？无论问谁，大家都会给出统一的答案：不能。那么，怎样才能使一个盛满水的杯子盛更多的水？其实答案很简单，那就是把杯子里原有的水全都倒出来。

站在镜子前面，好好地观察一下你自己，现在的你，是不是也是一个盛满水的"杯子"？只不过，你的心中盛的是对过去成功的骄傲自满、对以往失败的懊悔沮丧、对功名利禄的疯狂追求、对得失的忧虑与执着……它们占据了你心中的每一个角落，再也没有空间去接纳更多的东西。

聪明的人应该懂得及时清空自己。过去的一切，无论是成功还是失败，无论是喜悦还是悲伤，都应该及早把它们从心中清理出去，让自己重新成为一只"空杯子"，只有这样，你的心才能汲取新的营养，在人生的道路上，你才能不断地攀登新的高峰。这就是"空杯心态"，只有时刻保持空杯心态的人，才能始终拥有挑战自我、追求卓越的信心与勇气，为改变现状、完善生活而不断努力与坚持。

Chapter 4　活出自己
无畏前行　活成自己喜欢的样子

1. 摆脱过去的羁绊

过去的失败让你悲伤、失望，过去的辉煌成就了你，但不管是成功还是失败，如果一直沉迷于此，过去就会成为你最大的敌人。

用过电脑的人都知道，要时不时地清空回收站，不然回收站里的垃圾就会占用空间，使电脑的运行速度变慢。而过去就是我们的"回收站"，如果你固守着里面的"垃圾"，就会发现，你的工作效率越来越低，你的工作成果越来越少，你离真正的成功也就越来越远了。

告别过去并非易事，不是每个人都天生具有与过去割裂的勇气与决心。有人留恋着过去的鲜花与掌声，有人纠结于过去的痛苦和挫折，还有人出于对未来的恐惧而自动放弃追寻未来。不管出于什么原因，这样的人在人生的旅途中早就已经被判处"死刑"！

如果你不想被关在过去这个"牢狱"里，就勇敢地给自己当头棒喝，把过去从自己的"杯子"里倒空！摆脱过去的羁绊，拒绝负重前行，在人生的道路上轻装上阵，你才能实现全面的超越。

2. 放下得失，才能拿起

工作中十分努力拼命，却没有什么收获；付出了很多，但得不到什么回报；忙忙碌碌到处奔波，但没什么成果……看似拼命工作，实际上却是"瞎忙活"，老板不欣赏，同事有怨言，客户也有意见。当你陷入这样的恶性循环中，是否会感到既无奈又尴尬？

你需要明白一个道理：人生的过程中，既要善于"拿起"，又要懂得适时"放下"。

"拿起"靠的是毅力与拼劲，而"放下"考验的则是勇气与智慧。拥有"空杯心态"，就要处理好"拿起"与"放下"的关系。在当今这个竞争白热化、诱惑越来越多的时代，怎样才能保持始终如一的理性以及清醒的头脑？怎样才能放缓脚步，在工作与生活中保持张弛有度、收放自如？

哲学家苏格拉底曾经教育他的学生"寻找最大的麦穗"，对于今天的我们也有借鉴的意义：先在一块稻田里走三分之一的路程，对稻穗的长势、大小以及分布规律进行观察，在其后的三分之一田地里选一个相对最大的稻穗，淡定地走完之后的三分之一路程，即使发现在自己手中的其实并不是最大的，不必在意。

放下自己的得失心，才能得到更多的收获。

3.超越自我，从优秀到更优秀

谁都希望做一个优秀的人，然而，你是否想过，优秀也会成为我们的一种阻碍？

美国著名管理学家科林斯在他的著作《从优秀到卓越》中提出了一种看法：优秀是卓越的大敌。

优秀并没有什么错，但是当你陷入自我沉醉之中、无限膨胀的时候，就将"优秀"推向了另一端，使它成为你前进道路上的包袱。这无异于搬起石头砸了自己的脚。

倒空你的"杯子"，才能超越自我，活出精彩！

心宽一尺，路宽一丈

　　生活中，每个人都难以避免会遇到很多烦心事，如果一直被烦恼包围，长期处于压抑、郁闷的状态，人的情绪就会变得非常消极，如果这种消极的情绪长时间地笼罩着我们的内心，就会使我们的能力无法得到正常发挥，性格也有可能会发生潜移默化的改变。其实，人生不如意事十常八九，最重要的是，我们要学会宽心。

　　把心放宽，是一种境界。心宽一点，人的烦恼就少一些；心宽一点，情绪就平和一些；心宽一点，快乐就多一些；心宽一点，日子就顺一些；心宽一点，成就会更多一些。心变宽了，人生的路也就宽了。

　　安徽桐城有一个古迹叫"六尺巷"。关于这处古迹有一段感人至深的故事。

　　城里的一条大街上紧挨着住着两户人家：一家有人在朝中当宰相，另一家有人在朝中当尚书。有一天，这两家人因为院墙的事发生了激烈争执，都说对方侵占了自家三尺宽的地盘。

为此，两家人都很生气，宰相的家人往京城写了一封信。想让宰相以他的权势来解决这个问题。宰相接到这封信后，很快就回了一封信。信中只有一首诗："千里家书只为墙，让他三尺又何妨？万里长城今犹在，不见当年秦始皇！"家里人读完他的信后，觉得很惭愧，于是主动将院墙向后撤了三尺。尚书家见对方如此容让，也感到很不好意思，也后退了三尺，于是中间便形成一条六尺宽的街道，此事被后人传为美谈！

处世让一步为高，退步即进步的根本。待人宽一分是福，利人是利己的根基。生活中那些气量狭小的人，常常因为别人有意无意的话语或者举动就被激怒，使自己变得暴躁不安、情绪激动，也让自己的生活失控，造成不可收拾的局面。而大肚量的人总是生活得很快乐、很悠闲，甚至能自得其乐，为什么？因为他们的思路比天空还宽，心胸比世界都大，身边的那些人和事并不能扰乱他们的心境。一种行为制造一种结果，把心放宽的人，才能生活得快乐、幸福。

心宽一尺，就是要懂得宽容的智慧。宽容，是人生的一种至高境界，就像马克·吐温所说的那样："紫罗兰把它的香气留在了踩扁它的鞋子上，那就是宽容。"多一些对他人的宽容，生活中就会多一些和谐。懂得宽容的人，在人生道路上会收获更多的朋友，也会得到更多的关爱与帮助。宽容，不但是对他人的原谅与理解，也是对自己的一种解放：将愤怒与仇恨抛到一边，才能让快乐常驻心田，才会使你的生活永远阳光灿烂。

心宽一尺，就是要学会忘记。忘记，是人生的一种成熟。在人生旅途中，每个人都会经历无数痛苦与伤害，久而久之，会留下很多"伤疤"。如果始终无法忘记这些伤痛，动不动就去揭开伤疤，只会使旧伤无法痊愈，又添新伤。聪明的人会在吸取教训和经验之后，尽快把伤痛忘到脑后，微笑着继续走余下的人生之路。忘记昨天的是是非非，忘记别人对自己的伤害，才能使自己真正走出过去的"牢笼"，赢得一片广阔的天空。

Chapter 4　活出自己
无畏前行　活成自己喜欢的样子

　　心宽一尺，就是要少计较、多大度。总是斤斤计较于一些鸡毛蒜皮的事情，人的心就会变得越来越小，生命的空间自然也就越来越狭窄。世间的人与事，原本没有绝对的对与错，通常都是是与非、善与恶的交织。生活中固然有很多黑白分明的事情，但也有很多与原则无关的小事。人们之所以会计较，往往是因为咽不下一口气。其实，想开点，这些鸡毛蒜皮的小事又算得了什么呢？只有少一些计较，才会多一些快乐，别让无谓的计较浪费了你的时间，挤占了你的生命空间。

　　心宽一尺，就是要学会忍耐。无论是工作中还是生活中，人们总难免会遇到很多指责与批评，很多人习惯在遭遇这一切的时候马上反唇相讥，甚至毫不犹豫地反击，其实这样的心态是不可取的。争辩与反击，不但不会消除别人对你的误解，反而还会使矛盾激化、升级。如果对方的指责、批评与原则无关，不妨冷静下来，忍耐片刻。退一步海阔天空，忍一时风平浪静。

　　心宽一尺，路宽一丈。放宽心，就是放宽自己的人生路。

保持方向感

高尔夫球教练总是教导新手说，方向比距离更重要。因为打高尔夫球需要头脑和全身器官的整体协调。每次击球之前，选手都需要观察和思考，需要靠手、臂、腰、腿、脚、眼睛等各部位的有效配合。而击球的关键则在于两个"D"，即方向（Direction）和距离（Distance）。初学者中有不少人只想着把球打远，而忽视方向的重要性，其实把球打直比打远更重要！

人生就像打高尔夫球，如果方向对了，即使走得慢，也能一步一步到达彼岸，活出自己的精彩。可如果方向错了，不仅白忙一场，也可能渐渐活成自己讨厌的模样。

对高尔夫球手来讲，方向就是下一个球洞所在的位置。对我们来说，方向就是做正确的事，朝着目的地直线行走，而不是在错误的方向上一路狂奔。现实中很多人实际上是毫无头绪、毫无成效地瞎忙。比如，一些没有目标、没有方向、没有规划的销售员，他们整天为了销量忙忙碌碌、为了市场四处奔波、为了业绩疲于奔命，结果却是销量下滑、市场疲软、业绩停

Chapter 4　活出自己
无畏前行　活成自己喜欢的样子

滞。因为他们做的大多是对销量增长无益的事情，开发的大多是活力不足的市场。

因此，走在人生路上，抬头看看目标很重要，目标清晰，方向正确，你的努力才会有成效。

你有方向感吗？要回答这个问题，不妨常常问问自己以下"人生二问"。

1. 我始终专注于一个目标吗

我们经常会用到订书机，几百张纸摞在一起，就是最锋利的刀也未必能一下子穿过去，但看起来那么不起眼的订书针却能够把它们结结实实地订在一起。原因就在于，订书针把自己全部力量都汇聚到了两个点上。

这"两个点"就如同我们的目标。目标应该是专一的，这样我们才能集中主要精力去为之努力，将其实现。

对于任何一个人来说，时间和精力都是有限的，我们必须了解如何利用有限的精力，做最重要的事。那些不把目标当回事，经常变换目标的人，虽然看上去似乎忙得脚不沾地，实际上却没有什么效果。

2. 我今天为目标努力了吗

在追求目标的过程中，千万不要掉以轻心，战斗才刚刚开始，每一步都要做好、做到位，只有这样，得到的结果才能令自己问心无愧。

海豚能够灵活地表演各种各样的杂技，但如果一头体重8000多公斤的鲸鱼跃出水面，为我们进行精彩的表演时，我们是不是会觉得这是不可能的？实际上，的确有一头鲸鱼创造了这样的奇迹。训练师曾经在媒体上披露了训练这头鲸鱼的方法。

在最开始的时候，训练师把一根绳子放在水面下，让鲸鱼从这根绳子的上方游过，每当鲸鱼成功地完成一次，训练师就会给它一些奖励。后来，在每天的训练中,训练师都会把绳子提高一点,每次提高的幅度很小,因此鲸鱼丝毫没有意识到自己挑战的目标已经有了变化。就这样,经过长期的训练以后,鲸鱼就能够跃出水面,像跳高运动员一样跳过水面上的绳子。

想一想,要想达到预期中的目标,我们应该付出怎样的努力;接下来的一周要做哪些事情;每天都要做哪些事情。把目标分解到每一天,就能把行动落实到最细微处。当每天的努力汇聚到一起,就能使目标离我们越来越近。

学会放下，即是解脱

"拿得起，放得下"不是玩世不恭，也不是自暴自弃，它是指放下思想包袱轻装上阵。"拿得起，放得下"是一种乐观，一种洒脱，一种成熟，一种练达，一种轻松解压的妙招。

但是，在付诸行动的时候，人们往往"拿得起"容易，"放得下"却很难做到。所谓"放得下"，指的是一种心理状态，就是遇到"千斤重担压心头"的时候依然能够从容地把心理上的重压卸掉，使自己轻松自如。

有一句古语曾经这样教诲人们：尽吾志而不能至者，无悔也。生活中无论何时何地，不管大事小情，都要做到"尽人力"，只要你能做到这一点，就可以问心无愧了，不必为以后的成败得失而耿耿于怀，这样才能过得洒脱，这样才是大智。

从另一个角度来想，就算你一直耿耿于怀、放心不下，又能怎样呢？举个例子，如果你的钱包丢了，你先要努力去找，但如果确定找不回来的话，你就应该保持一种平和的心态，失去了就是失去了，不管你多不希望它丢失，事实就是事实，它再也不会回来了，与其整天伤心流泪，还不如调整好心情，去抓紧时间补办随钱包一起丢失的身份证和银行卡，把损失降到最低。不要让你的情绪永远停留在悲伤中并被这种情绪所困扰，这个时候如果不能很好地调节，很可能就会陷入更深的焦灼感中，那又何必呢？

人生最重要的就是放下执着，享受当下。

很多人总是会陷入这样的恶性循环之中：想要的追求不到，追求到的不能完全占有，占有的又害怕失去，失去的又想再次占有。似乎每天的忙碌、整日的奔波，就是为了自寻烦恼。这就如同一些失眠症患者，越是想睡着就越是睡不着。人生也一样，你越是刻意地去追求快乐，发现快乐越难得到，还会越跑越远，直到有一天，你放弃了所有执着的追求，静静地坐在树荫底下，闻着路边花草的香气，听着池塘边的蛙鸣，与朋友说说笑笑，你才惊讶地发现：快乐其实离自己很近，只是我们一直都不曾认真留意。

只有放下，才能获得快乐。当你执着于一些不切实际的追求时，反而不可能得到什么回报。越是得不到回报，就越是去执着追求，往往会陷入上述那种恶性循环之中，与其这样，还不如珍惜眼前自己所拥有的一切，好好地利用它们来做一些力所能及的事情。

我们要学会在"拿得起"与"放得下"之间去平衡自己的心态。

"放得下"主要体现于以下几方面。

1. 财是否放得下

财富能让我们的生活过得更舒适，但是它只是一种工具而已，不是人生的最终目的。李白在《将进酒》中曾经写道："天生我材必有用，千金散尽还复来。"如果在财富这方面放得下，那可谓是非常潇洒的"放"。

2. 情是否放得下

"情"是世间每个人都无法绕开的一个字，说不清也道不明，但不知多少人都为其神魂颠倒。凡是陷入感情纠葛的人，很容易钻牛角尖，严重时甚至会葬送生命。如果在感情方面放得下，可称是理智的"放"。

3. 名是否放得下

心理学专家经过研究发现，高智商、重思考的人，患心理障碍的可能性比其他人要高很多。原因就在于他们一般都喜欢争强好胜，重视名声，有些人甚至爱"名"如命，结果累得死去活来。如果对"名"放得下，就称得上是超脱的"放"。

4. 忧愁是否放得下

生活中，烦恼无处不在，就像宋朝女词人李清照所说的："才下眉头，却上心头。"有的时候，即使你不去招惹它们，它们也会找上门来。于是，很多人就整天忧愁不已，不仅导致自己的情绪每天都很低落，而且也伤害了身体健康。

泰戈尔说："世界上的事情最好是一笑了之，不必用眼泪去冲洗。"没有忧愁的确是一种莫大的幸福，如果对忧愁放得下，那就可谓是幸福的"放"。

难得糊涂才是真聪明

有的时候,我们会不由自主地产生这样一种心态:当你看到别人过得比自己好,会心生嫉妒、说三道四。当你比别人强的时候,也会有人在背后对你指指点点、品头论足,这时的你在流言蜚语面前会很气愤,极力为自己辩解。这样一来,自然会觉得自己活得很累!

其实,你根本不必这样。自己的事情,除了你自己无人能够感同身受,不管别人说什么,你只需要用"糊涂"二字淡然待之,"走自己的路,让别人说去吧"。有的时候,别人对你的评价不公正,究其原因,是因为他们对你产生了嫉妒心理,不过是因为妒忌在作怪,希望通过攻击你来发泄自己的情绪,使自己保持病态的心理平衡。这时,如果你能够"糊涂"处之,既不恼怒,也不争辩,或者干脆一笑了之,就能够避免无谓的冲突,也可以留给自己一片更加宽广的舞台。

难得糊涂不是真的糊涂,而是用糊涂的外衣把自己的聪明伪装起来。这样的人是跳出糊涂看明白,山外看山,是揣着聪明装糊涂,乐在其中。在他

Chapter 4　活出自己
无畏前行　活成自己喜欢的样子

们眼里，世间的一切都是舞台剧，而自己则心甘情愿地当一个看剧的观众。

有人曾经给庄子出了一个难题：在一座大山里，有一棵大树，因为它长得笔直，所以被视为栋梁之材，到了木材成熟的时候，就被砍倒了。如果您是一棵树的话，会怎样逃避这样的厄运呢？庄子调侃说："我将处于材与不材之间耳。"庄子所说的"材与不材之间"，就是一种聪明的"糊涂"，是一种避开"砍伐"的生存智慧！

"糊涂"是一种智慧、一种修养、一种气度。难得糊涂的人心中并非真的稀里糊涂，而是貌似糊涂实则聪明的智者。正因为世间一切事在他们眼里都看得清清楚楚、明明白白，所以他们才懒得去理会和解释。因为如果太深究，不但会惹人烦，还会给自己带来很多烦恼，不如装起糊涂，或干脆避而不谈。生活就是这样，太认真、太计较只会徒增烦恼，还是糊涂点好。

用"糊涂"的方式来面对问题、解决问题，能给我们带来很多好处。有的时候，"糊涂"就是给彼此最好的台阶。比如，如果有人在众人面前做出一些不合时宜的举动，你可以先装"糊涂"，给对方留点面子，不要在众人面前直接点明，等到会后，你再单独找到他，和他谈一谈，他不仅会觉得你是一个有责任心的人，还会觉得你很聪明、很有修养，并且愉快地接受你的意见。如果你不懂得装糊涂的艺术，直接在大家面前毫不留情地指出别人的错误，他很可能就会恼羞成怒，进而对你产生看法，最终你会把自己置于很尴尬的位置。

"糊涂"是一种实用的生活技巧。一个人如果经常因为一些无足轻重的小事而纠结，只会白白耗费自己的心力，实在得不偿失。如果事事看得清楚，事事与人相争，得理不饶人，活着就会非常累，很难获得快乐。明明听说了一些让自己不愉快的消息，却装作毫不知情，依然对别人微笑待之，这不是一种软弱的表现，而是一种豁达、坦然的人生态度。"谁人背后无人说，谁人人前不说人"，别人对你有意见，这在生活中是很正常的。对他们视而不见、听而不闻，是最好的选择。人生苦短，与其将生命耗费在耿耿于怀中，不如把时间和精力投入一些更有意义的事情，这样才能为自己营造更多幸福的机会。

"糊涂"的人，心境会更加淡然。真的糊涂了，人就不会心猿意马，忐忑不安，反而会看透一切，心平气和。所以说，糊涂能养心，能减少人体的消耗，适当地装糊涂，少看烦心事，少想那些不愉快的经历，烦恼就会少很多，痛苦也会减轻，从而更安静、平和地享受人生。

"糊涂"一点，还能让人把心头的负担放下，集中精力干好自己该干的事。人生看得太清楚，内心的空间就会被挤占。人的生命需要呼吸，心灵也需要呼吸，而一个过于较真的人，往往会因为疲于应对各种事情而忽视了心灵的自由，并失去感受幸福的空间。因此，一个人如果能做到凡事都糊涂一点，心里却保持清楚、明白的境界，那就有更多的时间去笑看世间云卷云舒，享受超然的快乐了。

当然，"难得糊涂"不是在任何事情上都装糊涂。"糊涂"也要遵循一定的原则，在小事上"糊涂"，是为了能够让自己获得更多快乐。而大事上千万不能糊涂，要以一颗睿智的心来处理举足轻重的人生大事。

糊涂，不是玩世不恭的生活态度，不是麻木颓废、糊里糊涂的处世方式，否则，人们就会失去生活的激情，失去奋斗的力量，失去乐观的心态，冷漠厌世，终日把自己囚禁在狭隘的心灵牢笼。每个人都有自己为人处世的原则与方式，有的事情可以用模糊的态度处理，但内心一定要像明镜一般透亮，绝不糊涂。

"水中望月、雾里看花"的朦胧之美，是"糊涂"的真境界，是只可意会、不可言传，一切尽在不言中的一种心灵感悟，而如何领悟，就在于你自己了。

改变你能改变的,不能改变就适应

在生活中,有一些事情我们可以通过自己的努力来改变,但有一些事情是我们无论如何也无法改变的,比如出身、身高、性别、民族、生活中的种种意外。对于能改变的事情,当我们感到不满意时,可以想尽办法去将其改变,使之成为我们希望的样子;而对于不能改变的,任凭我们怎样努力、多么不满也无济于事,这时,唯有适应才是最好的生活态度。

叔本华曾说:"学会顺从,是你在人生道路上必须明白的最重要的事情。"既然事实已经不可改变,就不要再为它担忧、焦虑、不甘,应该坦然地面对现实并快乐地接受,只有这样,才能更加坦然地面对生活。我们可以用普希金的诗《假如生活欺骗了你》来鼓励自己:"假如生活欺骗了你,不要悲伤,不要心急!忧郁的日子里需要镇静。相信吧!快乐的日子将会来临。"

有位哲人曾经说过一段非常有哲理的话:"每个人都应该拥有三种智慧:第一,努力做好自己能够改变的事情;第二,接受自己不能改变的事情,不要为了自己不能改变的事情烦恼；第三，拥有辨别这两种事情的智慧。"

是啊，"意外"这个生活中的不速之客随时都有可能敲响我们的门，没有人能够预测未来。如果出现的是美好的事情，我们当然会非常欣喜地接受。然而，有些事情是与人们的愿望相违背的，我们通过努力也不能将其改变。这时，如果不能调整自己的心态，让自己接受现实，阴霾就会乘虚而入，主宰我们的心境，生活也会因此失去阳光。

人和人之间在能力方面存在的巨大差别，体现在两方面，一是适应能力；二是自我调节能力。后者是前者的一个非常重要的前提条件。一个人如果不能改变环境，就主动地适应环境。成功总是青睐那些认真工作、积极进取的人。如果整天满腹牢骚、委屈，自以为大材小用，不但不会得到别人的同情，还可能会被环境淘汰。

如何才能提高自己的适应能力，在这个纷繁复杂的世界里更加如鱼得水呢？我们可以采用以下几种方法。

1. 认识并面对现实

人类是群居动物，每个人都生活在一个或者多个社会集群之中，每天都要面对自己所处的现实环境。现实环境纷繁复杂，发生矛盾与冲突是常有的事情，挫折也是在所难免的，只有认识到这一点，才能更好地适应环境，增强适应社会环境的能力。

2. 建立广泛的兴趣

对什么事都提不起兴趣的人，生活总是无比乏味。而那些兴趣广泛的人，却通常过着丰富多彩的生活。我们可以通过各种活动，比如唱歌、朗诵、舞蹈、游戏、运动、旅游、参加社会公益活动，来增强自己的适应能力。这些活动，既能适当地帮助人们疏导受压抑的情绪，又能陶冶情操，使人们的精神生活得到升华，帮助人们走向成熟，获得更稳定、健康的心理状态。

3. 积极参加社交活动

生活在人类社会的每个人都有社交的需求。通过社交活动，人们能够更容易了解自己，也能加深对别人的了解，建立友情。每个人都有爱的需要以及尊重的需要。学会爱人和被人爱，学会尊重人和被人尊重，才能与别人和谐相处，更好地适应社会环境。社交活动，能够使人们交流信息、取长补短、完善自我。因此，积极参加社交活动是很有益的。

4. 要充实知识储备

"知识就是力量"，提高知识水平、充实知识储备，也能帮助人们获得更多的适应能力。在现代科技发达的社会，人们已经不能只靠个体的经验来适应社会、适应自然了，没有知识的人注定举步维艰、处处受制。现代社会又是一个信息饱和的社会，如果你没有一定的知识储备，没有能力获取有用的信息，那么在这个越来越光怪陆离、纷繁复杂的社会，你就会无法定向，无法从容处之，甚至无法生存。

远离贪婪，欲壑最难填

在这个物欲横流的社会，人们的内心在经历了无数诱惑之后，变得越来越浮躁。很多人被各种各样的欲望所征服，最终堕落为欲望的奴隶。我们所做的一切事情，似乎都是以满足自己的欲望为出发点，那些不能满足自己欲望的事情就变得毫无意义。我们的人际关系被欲望化了，消费观被欲望化了，生活也被欲望化了……我们掉进了一个欲望的怪圈，却从来不说自己"利欲熏心"，而是美其名曰"成就现实"。

欲望驱使着我们的一举一动，我们费尽心思地做一切事情来满足自己的欲望，然而，欲望不但没有得到满足，反而越来越多、越来越泛滥。它就像是一束火苗，原本只是星星之火，后来越烧越旺，蔓延到我们的整个心灵。而我们做的所有事情，在它面前都显得那么微不足道。欲壑难填，"火势"越来越大，于是我们渐渐失去了原来的快乐。即使我们在别人眼中是一个成功者，但在欲望面前，我们仍是微不足道的失败者，于是心中充满了挫败感，世界也被涂上了一层灰色。

Chapter 4　活出自己
无畏前行　活成自己喜欢的样子

欲望就像海水一样，喝得越多，口渴就越严重。一个被欲望驱使，沦为欲望奴隶的人，他每天的生活都像是往欲望的大海里投树枝，妄想用"精卫填海"的精神去实现自己的"理想"，每天考虑的是如何在社会的天平上用欲望的砝码称出自己生存的质量。他没有意识到，自己正在解答的其实是一道没有标准答案的错误问题，在这道题上已经浪费掉了太多时间，或许直到离开的那一刻，仍旧不知道什么才是获得快乐的正道。这样的一生是可悲的一生，这样的人一生都在充当着欲望的奴仆。从某种角度上说，他看似每天忙忙碌碌，却从来都没有找到生存的意义。

《菜根谭》中说：贪得的人，身上富有了，但心一贫如洗；知足的人，身上虽然贫穷，但内心很知足。人只要产生贪念，欲望就会消融自己的刚强，继而变得柔弱，阻塞智慧，变得昏聩；仁慧变为狠毒，高洁变为污浊，败坏一生的品行。如果你向贪欲低头，服从贪欲的指挥，将贪欲扎根在自己的价值观中，那么看似在前进，实则在后退；看似在追求幸福，实则却离幸福越来越远。

别让贪欲左右了你的人生，不然它迟早会毁了你。生命就如一叶扁舟，载不动太多的物欲和虚荣，强行使自己装载太多东西，只会使自己在驶向彼岸时中途搁浅，因此必须根据自身的实际情况而定，只取自己需要的东西，而不过分欲求，要懂得"大舍大得，小舍小得，不舍不得"的道理。

欲望人人都有，而聪明人能够对自己的欲望加以控制，防止欲火无休止地蔓延。欲望就像一头凶残的野兽，应该把它囚禁在笼子里，这样它才不会出来害人；欲望又像是一条湍急的河流，应该加固堤坝，避免它泛滥成灾。

控制欲望，就是给自己的生活降压、减重。当欲望被克制了以后，人们才能体会到无欲则刚、无欲则快乐的真谛，领略到生活中的美。因为没有了过度的欲望，人们才会更加用心地去对待生活中的每件事，发现平淡中的美好。

当然，克制欲望，并不是摒弃所有欲望，而是要舍弃那些不必要的欲望，避免自己被那些沉重的欲望压垮。我们应该保留生活中的那些正常的欲望和目标，因为它们能够促使人们不断追求，不断奋斗。它们会使人上进，克服困难，奋力拼搏，在不断奋斗中实现自己的价值。正常的欲望是人不断前进、促使社会不断进步的原始能量。如果人们将这些正常的欲望舍弃了，就失去了前进的动力，满足于现状，不思进取，就会因为没了动力而停滞不前。

内心强大，才能无所畏惧

人活一世，有人追求功名利禄，但这些人是否会因为拥有名利地位而幸福呢？未必，不知有多少有钱人整日愁眉苦脸，对自己的生活牢骚满腹。比如一些社会名流，应有尽有、功成名就，却恋上毒品；比如一些豪门贵妇，生活优裕、衣食无忧，却活得凄凉不堪；比如一些商界精英，叱咤风云、显赫一时，生活却总以失败告终……还有一种人，总是不断地修炼自己的内心，这样的人，一定会因为拥有宽广强大的内心世界而幸福。

所以说，财富、名利、地位，这些虽然看上去令人垂涎，但在生命中不能算是最重要的东西，内心的强大才是真的强大，内心的强大才可以使你拥有感知幸福的能力。

一个内心强大的人，才能真正无所畏惧。俞敏洪创办的新东方是以英语培训而闻名的学校，在新东方的老师中，有一位被广大网友所熟识，那就是罗永浩，他因为一句经典之言而走红网络——彪悍的人生不需要解释。这句话之所以广为流传，是因为在这个喧嚣浮躁的年代，太需要用这种强大的内心世界来做精神支撑了！

拥有什么样的内心，就会拥有什么样的力量，而力量又会对行为产生影响和推动力。因此，如果内心不够强大，人就不可能变得真正强大。

内心强大是心中的平和与安定，内心强大指的是一个人的心灵境界实现了真正了无挂碍，做到了真正的无所畏惧。强大，不是飞扬跋扈，不是骄纵任性，不是自私自恋，恰恰相反，内心的强大反而会让人变得更加宽容与谦和。正是因为内心的安定平和，我们才能明白一切、看清一切，在俗世之中找到属于自己的位置，知道自己需要的是什么，应该怎么做才能得到自己想要的东西。

内心强大的人有自己的主见，他们会坚定地走自己的路，不会轻易受到外界的影响，也不会受到他人的干扰。内心强大的人，不管所处的世界如何风云变幻，不管身边发生着什么样的事情，也不管经历了多么大的变化，都不会心猿意马，而是时刻保持心无旁骛，固守着内心自己想要的坚持。

内心强大的人，会专注于自己的目标。生命的过程如同一次登山，每个人都在用力向上攀爬，但是真正能够登上顶峰的很少。原因很简单，有人被路边的风光所吸引，有人被无关紧要的小事分散了精力，只有那些始终专注如一、内心强大的人才能到达顶峰。

内心强大，才能让我们清晰地看到自己的优势；生活清晰，才能帮助我们扫除人生道路上的绊脚石。一个人，最难能可贵的，就是懂得自己的需要、看清自己的方向，这是内心足够强大的最有力的证据。如果一个人连自己想要的是什么都不知道，连自己想坚持的东西都要被别人左右，那么如何凝聚力量来实现自己的幸福呢？

内心的强大，是人生的一种笃定。因为笃定，所以我们可以坚信生活的

Chapter 4　活出自己
无畏前行　活成自己喜欢的样子

美好；因为笃定，我们才不会因为别人的言论而失去了自己的定见和方向；因为笃定，我们才可以知道什么是对的，什么是错的。

　　生活的环境是什么并不重要，内心的强大才是正道。你心中的力量坚定起来后，全世界都会为你让路。

成长是最美的礼物

从无忧无虑的孩提到充满活力的青年，再到成熟稳重的中年，最后到白发苍苍的老年，生命就这样沿着既定的轨迹一步步不断地成长。在这个过程中，我们会经历数不胜数、各种各样的事情，每一件事都是我们生命中的一个坐标，把它们联结起来，就形成了一张完整的"人生地图"。

对任何人来说，生命都有一个终极归宿，那就是死亡。但是，我们不应该把人生理解成一场奔赴死亡的狂欢，那并不是我们的目的，人生的真正目的在于成长。在生命的漫长旅途中，知识的增加，经验的积累，阅历的丰富，都是一种成长。而这一切，都是我们经历事情、挫折、困难、失败后的结果，也是为此付出时间、精力甚至生命的代价。

这样的成长，一方面为我们的人生增添了色彩，使我们的人生变得丰富、充实；另一方面，这样的成长也让我们看到了生活的真实，一种残酷的真实。但这样的真实，或者说残酷是必需的，因为优胜劣汰是大自然永恒不变的法则，也是人类社会激烈竞争的必然结果。

Chapter 4　活出自己
无畏前行　活成自己喜欢的样子

在我们的一生中，所经历的每一件事情，不管大小、难易，都是对我们的一种考验。有些考验，我们能够轻松自如地应对，而有些考验则必须要付出全部的心力才行。有的时候，即使我们耗尽了力量，也未必能够通过考验，但就算最后我们不能作为一个胜利者而存活下来，也必须倾尽全力。因为在这个过程中，我们所有的付出一定不会付诸东流，即使无法换来成功，至少也能使我们得到成长。在人生中，成长比成功更重要。因此，不管最后的结果是输是赢，我们都应该昂首挺立、奋勇向前，而不是像懦夫一样畏畏缩缩，更不能甘居人后、得过且过甚至自甘堕落。

我们经常会犯一个同样的错误，那就是急于求成。在成长的每一个阶段，我们都恨不得掌握时间的遥控器，让自己尽快进入到另一个阶段，比如当我们上幼儿园的时候，我们迫不及待地想戴上红领巾，成为一个神气的小学生。当我们在校园里过着简单、单纯的校园生活时，我们又渴望步入社会。当我们成为职场中的一员时，又忍不住向往起了退休后的悠闲生活……每个阶段，正是因为有着类似这样的渴望，我们才会获得一种源源不断的动力，或跌跌撞撞，或慷慨豪迈地走在人生的路上。

我们不停地走啊走，总想着能够快些到达自己的目的地，却因为脚步匆匆而对这一路上的美景视而不见。结果，到了目的地之后，我们才恍然发现：原来，这里的风景并不像自己期待的那么动人，连沿途错过的风景都不如。于是，遗憾就在我们的心中渐渐滋生，并且越来越浓厚。沉浸在遗憾情绪中的我们只能寄希望于下一个目的地能够弥补自己的心情。

然而，在急于求成心态的影响下，我们得到的，只是一次次的失望、遗憾、后悔。就这样，我们逼迫着自己不断地向前，虽然我们很想停下来给自己喘息的时间，但被裹挟的身体不再听从大脑的指挥。并且，这种失望和后悔会令我们产生抱怨、恼怒、烦躁、焦虑、紧张、无趣的情绪，使我们无心再去体会放松的快乐、爱情的甜美、亲情的温馨以及工作上的成就感。

不过，有一些成熟的人，却能巧妙地避开这个错误。他们懂得且行且欣赏的真谛，他们用心去倾听每一处花开的声音，去感受微风拂过脸庞时的温柔，去体会与爱人双手紧握时的温暖……

更重要的是，他们在面对挫折、困难和失败时，总是抱着一种感恩的心态，因为他们知道，这是生活给自己的机会，通过这样的锻炼，自己能够获得更多的人生体味，这是人生的一笔财富。同时，他们也知道，经历过这样的风雨洗礼，就更容易看见炫目的彩虹，而且那彩虹是对自己最好的褒奖。这样的他们是乐观的，是积极向上的，是渴望暴风雨来得更猛烈些的，是愿意承担生命的重荷的。这样的他们更有资格获得自己想要的幸福，因为那完全是自己努力的结果。

在成长的过程中，我们必须有所收获，才不辜负这一路的长途跋涉。这收获未必是金钱、名誉、地位，而应该是一种对生命的感悟。每一次的感悟都是思想的一个台阶，一个个台阶垒起来，就是通向成功的必经之路。年轮只是一种表象，真正充实内心的则是每一分感悟背后的成熟与通达，这让生命多了很多主动的色彩，也让我们能够掌控生命巨轮的方向。

时常提醒自己：我很幸福

中国人生活得幸福吗？中荷人寿联合北京大学社会调查中心曾经发布《中国20城市居民幸福感暨寿险需求研究报告》，该报告显示，当前中国城市居民有近3/4的人感到幸福。

在对幸福感的调查中，有51.6%的城市居民感到"幸福"，有近22.5%的居民感到"非常幸福"；而在相对的幸福感受调查中，只有近38%的人感觉到"我比大多数人都幸福"，有近50%的人感到"我处于中间水平"，还有12%的人认为"大多数人都比我幸福"。

幸福到底是什么？幸福是一个谜，你让1000个人来回答，就会有1000种答案。

幸福通常会因人而异、因环境而异。当人因为生病而饱受病痛折磨的时候，健康就成为一种难得的幸福；当人在孤独中备受煎熬的时候，有朋友同行、有家人相伴就成为一种令人向往的幸福；当人饿得肚子叽里咕噜叫的时候，有一片面包可以果腹就成为一种求之不得的幸福；当人处于财政危机之中、债台高筑的时候，有钱还债就成为一种莫大的幸福……然而，健康之人不知道生病的痛苦，有家之人不知孤独为何物，有钱之人不知贫穷的苦恼，饱汉也从来都不为一片面包而欣喜若狂。

　　拥有不同的教育背景、处于不同社会阶层的人，对幸福的认知和感受也是大相径庭的。蹲坐在路边乞讨的乞丐，有人多给他一块钱，他可能就会感觉非常幸福；为了高考而冲刺的学生，或许认为考上大学就如同进入天堂一般；进城务工的打工者，如果老板不拖欠工资，能按时领取工资，供得起孩子读书，心中就会充满幸福感；光鲜的白领阶层，被提拔为经理之后，或许就有莫大的幸福感……不同的梯度，把幸福分成了很多档次，就如同沙漠和大海对一滴水的感受是不同的，不同人对幸福的感受当然也是不尽相同的。

　　幸福非常简单，它存在于生活的每一个角落，只需要我们用心去体会，就能发现它的踪影。幸福不但表现了自己对世界的欣赏与赞美，也给周围的人带来了温暖和轻快。只有每个人都能感知幸福，才不会挑剔生活。幸福的感知能力取决于对那些你已经拥有的、你现在拥有的非常普通而又平凡的东西感到幸福。这些东西往往我们平时不珍惜，直到有一天失去的时候才知其珍贵。

　　总是等到失去之后才会珍惜自己曾经所拥有的东西，这是人类的一个通病。

　　人们之所以感觉不幸福，不是因为幸福从来没有光顾过自己，而是因为当幸福来临的时候，自己常常浑然不觉，即便是别人向自己投来了羡慕的目光，依然不知道珍惜自己所拥有的幸福，反而让幸福白白地从自己手指间悄悄溜走，到最后，只剩下挥之不去的痛苦。一个在没有失去的时候就知道珍惜的人，才是真正幸福的人！

　　其实，只要你用心观察一下生活，你会发现幸福就在你身边：寒冬里照

Chapter 4　活出自己
无畏前行　活成自己喜欢的样子

进窗户里的温暖阳光，酷夏的一丝凉风，堵车时听到的一首悦耳动听的歌，打开电视恰好看到的一场精彩绝伦的足球赛，孩子趴在你耳边悄悄说出的一句"我爱你"，爱人为你精心准备的热饭菜，书架上静静躺着的一本绝版书，一句路遇的问候，一个远方的祝福，一个赞赏的眼神，一个会心的微笑，一杯清茶，一个意外，一份惊喜……全都是串成幸福的粒粒珍珠！幸福融在平常生活的点点滴滴里，幸福就在自己身边，幸福就在自己家中。

其实我们都是幸福的，只是有时我们感觉不到，所以，我们需要提醒自己懂得幸福。

毕淑敏曾在一篇文章中写道："当我们一无所有的时候，我们也能够说：我很幸福。因为我们还有健康的身体。当我们不再享有健康的时候，那些最勇敢的人可以依然微笑着说：我很幸福。因为我还有一颗健康的心。甚至当我们连心也不存在的时候，那些最优秀的人仍旧可以对宇宙大声说：我很幸福。因为我曾经生活过。"

常常提醒自己注意幸福，就像在寒冷的日子里经常看看太阳，心就不知不觉暖洋洋。

是的，幸福是需要提醒的，我们应该时常提醒自己：其实我们很幸福。

心无所恃，随遇而安

要想在人生的道路上走出一片属于自己的天地，始终坚持自己的方向，其实并不难。静下心来，听听自己内心最真实的声音，朝自己感到踏实、无忧的地方走，总是不会错的。古人深谙这一点，所以才会说"心无所恃，随遇而安"，告诫后世子孙，只有内心里没有什么奢望，才能在任何境遇中获得满足。

的确，过多的追求只会让我们失去潇洒、自由的心境，做人、做事反而更容易走向失败。与其刻意强求，不如先修炼自己的心态，让心沉淀下来，做到随遇而安、随缘而立，反而更能活出精彩、丰富的人生，如同俞敏洪的"一瓶水理论"所说的："有一次，我在黄河边上走的时候，灌了一瓶子水，黄河的水特别混浊，后来我把它放在路边，大概有一个小时左右，我非常吃惊地发现，一瓶水的四分之三已经变得非常清澈，而只有四分之一是沉淀下来的泥沙，假如我们把这瓶水的清水部分比喻成我们的幸福和快乐，而把混浊的泥沙比喻成我们的痛苦的话，就明白了，当我们摇晃一下以后，我们的

Chapter 4 活出自己
无畏前行 活成自己喜欢的样子

生命中整个充满的是混浊的东西,也就是充满痛苦和烦恼,但是当我们把心静下来后,尽管泥沙总的分量一点都没有减少,但是它沉淀在我们的心中,因为我们的心比较沉静,所以就再也不会被搅乱,因此我们生命中的四分之三就一定是幸福和快乐。"

人生变幻莫测,不知什么时候就会出现坎坷:或许你投入全部心思经营的爱情有一天会走到末路,或许你正在认真规划人生蓝图的时候忽然遭遇了一场变故,或许你曾经亲密无间的朋友突然背弃了你,或许你兢兢业业、辛苦努力的事业以惨败告终……这一切都足以让曾经激情满怀的你对人生产生几分抱怨、愤懑甚至心灰意冷。这时,你最需要的,就是保持一种随遇而安的心态。

"随遇"者,也就是应该顺应现实境遇的变化,不管是在什么样的环境中,都能始终保持一种处变不惊、淡定从容的心态。"安"者,不是让人安于现状、随波逐流,而是指心灵不被不如意的现实条件所束缚,并努力克服客观存在的各种困难,坚持自己的追求。这是对心理的一种良性调节,需要的是宽广的胸怀与超脱的气度。

文学家苏轼曾经多次遭遇流放,过着颠沛流离的生活,但即使是在困境之中,他依然保持着良好的心态,还说:只要能看到松柏与明月,心情就可以保持愉悦。松柏与明月,何处没有?只是大多数人都没有像他一样拥有闲适的心情而已。如果人们都能做到像苏轼一样随遇而安,及时发现、寻找身边令人愉悦的因素,哪怕环境没有任何改变,哪怕身处恶劣的境遇之中,心境也会与之前大不相同。

无独有偶,钱穆的弟子、历史学家严耕望也以"随遇而安"作为自己的人生准则。他在自己的著作《治史三书》中,曾经说过这样一番话:"工作随时努力,生活随遇而安。这句话等于是我的座右铭,虽不能至,而心向往之。据我的体验与观察,前六个字还比较容易做到,后六个字却极不易做到，而这点尤与人生修养有关；不过在我似乎天性与此相近。我自幼年就对于物质享受没有多大奢望，这或许与出身农家有关。成年后，生活曾经有过一段极困苦的时期，但我仍是无忧无虑地耐心过日子，既不羡慕别人的物质享受，更不怨天尤人。因为我觉得生活享受绝无一定的标准，要不满足，无论多好的享受仍是不能满足；要满足，就随时都能满足；古人说知足常乐，这一点我是真正能体验到的，唯一常感不足的是学术工作。"

  随遇而安是生命的一种至高境界，它是一种适应，让人们在淡定、从容、安然中整理好自己的心情，适应复杂多变的环境。同时是一种接纳，需要一个人有充足的勇气和胆魄来接受新的困难与挑战，直面生活中的不幸与苦恼。

  一个随遇而安的人，总是习惯于用平和的心态来面对世间的一切。就像是长途跋涉在沙漠中濒临死亡的人，惊喜地发现了一壶水，随遇而安的人通常会非常珍惜，在这壶水给他带来的生命希望的支撑之下，努力走出困境，找到绿洲。然而，一个不懂得随遇而安的人，却通常会因为这壶水而更加绝望，因为在他们看来，这壶水是那么微不足道，根本不足以支撑他们接下来的艰苦旅程，他们因此痛苦失望，最终因精神崩溃而提前走向绝路。

  随遇而安，不是一味地任由自己沉浸在失落、沮丧的情绪之中，也不是懒散懈怠、不思进取，而是一种理智的清醒。它要求人们凡事尽心尽力，但又不必过于苛求，因为在生活中，有很多东西并不是努力追求了、付出了就一定能有所回报。很多人生际遇，也不是以一人之力就可以改变的。一个随遇而安的人，不会把自己的心思全都投入到对自己无法获得的东西的追求上，只要自己确实尽了心，就足以问心无愧了。

  随遇而安不是知足常乐，它蕴含着一种顺其自然的淡泊心态，是一种面对世事变迁始终不动声色、以不变应万变的人生智慧。生活在俗世之中，人们通常都难以逃脱名利、情感的困扰，让自己生活在忧虑、紧张的状态之

Chapter 4　活出自己
无畏前行　活成自己喜欢的样子

中。其实，平淡随缘、随遇而安，反而会得到更多生命赏赐的礼物。

　　从不幸中寻找幸福，在黑暗中看到光明，这就是随遇而安。《菜根谭》中说"万事皆缘，随遇而安"，我们生活在人世间，只有学会随遇而安，以快乐的心境面对生活，才能活得自在、安心。

坦然面对未知的将来

生命中总会有许多的已知与未知，我们不可能把握未来所有的一切，我们也许不知道明天会遇到什么人，不知道明天会有什么机会。我们不能控制人生的长度，却能控制人生的宽度；不能控制天气的好坏，却能控制自己的心情；不能选择自己的容貌，却能展示自己的笑容；不能改变他人，却能改变自己；不能预知明天，却能把握今天。唯有坦然地面对未知的生活，我们才有活下去的勇气和动力。

生活在这喧闹的城市中，每天都会发生不同的事。也许会有不同的惊喜，不异想天开，踏踏实实地走好每一步，对于将来可以有目标，但不能抱有幻想！因为在我们面前，将来还是一个未知数。也许，我们的每一步都走得很辛苦；也许，我们放弃了待遇优厚的工作，却发现读书如此艰辛；也许，我们试图寻找一份好工作，却四处碰壁；也许，我们错过一段无法忘怀的恋情……这些在未来都可能发生，但此刻的我们，有如一个新生的婴儿，坦然地看待明天，相信一切全在我们脚下的每一步。

Chapter 4　活出自己
无畏前行　活成自己喜欢的样子

一个人如果能够用积极的思维和坦然的态度去面对明天、接受挑战，不管未来是什么样的，至少此刻是充实和快乐的。其实如何看待人生、把握人生，完全由我们自己来决定。积极的思考、乐观的精神以及丰富的经验可以帮助我们支配、控制自己的人生，掌握未来。

在人生的道路上，很多人总会不由自主地想：等到自己老去的时候，会是什么样子？会以什么样的方式结束自己的生命？死了还有感觉吗？会去哪里？想着想着，就会对死亡产生畏惧。其实，那些我们刻意回避的，最终也是会发生的。与其让自己生活在对未知的恐惧之中不得安宁，不如坦然地面对明天，脚踏实地地耕耘，兢兢业业地在自己的生存空间中放飞自己的智慧和灵感，也许得到的就是自己所求。

生活永远是一个未知数，而这正是生活的奇妙之处。你不知道未来会有什么在等着你，也不知道自己的一生会怎样度过，即使你为自己规划了完美的一生，其间还是存在无数变数，因为你会遇到不同的人，给你不同的影响、不同的感触。但如果你能用心去感受，拥有一颗坦然和知足的心，未来的人生就会很幸福。

只有坦然面对未知的生活，才能收获人生的精彩。我们应该像乐天派一样去迎接属于自己的那份挑战。执着于自己脚下的路，拥有一颗平和的心，拥有坦然的生活态度，就能看到人生的别样风景。

图书在版编目（CIP）数据

我就是不想活成你喜欢的样子 / 今心著． —广州：广东旅游出版社，2018.10
ISBN 978-7-5570-1487-2

Ⅰ．①我…　Ⅱ．①今…　Ⅲ．①心理学—通俗读物　Ⅳ．①B84-49

中国版本图书馆CIP数据核字（2018）第 204798 号

出　版　人：刘志松
责任编辑：梅哲坤

我就是不想活成你喜欢的样子
WO JIUSHI BUXIANG HUO CHENG NI XIHUAN DE YANGZI

广东旅游出版社出版发行
地址：广州市越秀区环市东路 338 号银政大厦西楼 12 层
邮编：510060
电话：020-87348243
广东旅游出版社图书网
（网址：www.tourpress.cn）
印刷：北京嘉业印刷厂
（地址：北京市大兴区黄村镇李村）
开本：787 毫米 ×1092 毫米　1/16
字数：173 千字
印张：13.5
版次：2018 年 10 月第 1 版
印次：2018 年 10 月第 1 次印刷
定价：39.80 元

【 版权所有　侵权必究 】

本书如有错页倒装等质量问题，请直接与印刷厂联系换书